主　　编：崔凤高　谢宏峰　王秀贞　曲明静
　　　　　丁　红　慈敦伟
副 主 编：陈　静　禹山林　李尚霞　杨吉顺
编写人员（按姓氏笔画排序）：
　　　　　丁　红　王秀贞　王明清　王菲菲
　　　　　石程仁　曲明静　杜　龙　李尚霞
　　　　　杨吉顺　张胜忠　陈　静　胡晓辉
　　　　　禹山林　崔凤高　谢宏峰　慈敦伟
审　　稿：陈　静

花生技术
200问

崔凤高 等 主编

中国农业出版社
北京

图书在版编目（CIP）数据

花生技术200问 / 崔凤高等主编. -- 北京：中国农
业出版社，2024.7（2025.8重印）. -- ISBN 978-7-
109-32201-1

Ⅰ. S565.2-44

中国国家版本馆CIP数据核字第2024SM3269号

中国农业出版社出版

地址：北京市朝阳区麦子店街18号楼

邮编：100125

责任编辑：冀　刚　　文字编辑：牟芳荣

版式设计：杨　婧　　责任校对：吴丽婷

印刷：中农印务有限公司

版次：2024年7月第1版

印次：2025年8月北京第2次印刷

发行：新华书店北京发行所

开本：850mm×1168mm　1/32

印张：5

字数：116千字

定价：38.00元

前　言

　　花生是我国重要的经济作物和油料作物，常年种植面积在 7 500 万亩左右，总产量约 1 800 万吨。花生在我国油料作物中占有重要的地位，总产量占油料作物的48%，在保证国家油料安全中发挥着至关重要的作用。我国的花生种植范围广，从黑龙江到海南，从西藏到东海之滨都有种植，目前河南花生种植面积居全国第一位，山东居全国第二位。由于不同区域自然条件的差异，形成了多种形式的种植制度，有春播、夏直播、麦套、林套、大蒜茬、蔬菜茬等。不同的自然条件和不同的生产茬口，需要不同类型的花生品种，目前生产中推广应用的有大花生、小花生、高油酸花生、鲜食花生、耐盐碱花生、休闲花生等多个类型 100 余个品种。随着加工产业化水平的不断提高，对专用型品种的需求越来越大，要求越来越严格。面对种子市场上的众多品种，种植户对品种的特点特性认识度不高，生产中的良种良法、高产高效生产技术配套不完善，机械化程度低，这些因素造成种植的花生没有发挥出生产潜力，花生产量达不到预期，直接影响种植的经济效益和种植户种植花生的积极性，对国家的油料安全产生较大的影响。本书编者根据多年的科研、技术推广服务和生产实践经验，针对花生生产中存在的影响产量和经济效益的各类问题，在总结经验的基础上，创新性地提供了解决问题的简便有效的技术方案。共分为十一篇204个问题：第一篇，认识花生；第二篇，生产上应用的各类高产品种；第三篇，高产高效生产；第四篇，生产管理；第五篇，病虫草害防治；第六篇，花生种子生产；第七篇，应用花生机械；第八篇，花生加工技术；第九篇，提高花生产业化水平；第十篇，降低生产成本；第十一篇，应用花生高产"2+7"关键技术。本书语言通俗易懂，方法简便实用，技术全面有效，对花生产量的提高、生产成本的降低和种植效益的增加将会产生积极的作用，适合广大花生种植人员、农业技术人员和农业院校师生阅读参考。

本书的出版得到了国家花生产业技术体系（CARS-13）、国家自然科学基金面上项目（项目编号31971854）、山东省科技特派员创新创业专项（2022DXAL0121）的资助，在此深表感谢！特别感谢原国家花生产业技术体系首席科学家禹山林先生给予的关怀指导和宝贵建议。

编　者

2023 年 12 月

目录

第三篇 高产高效生产

第四篇 生产管理

第五篇 病虫草害防治

第六篇 花生种子生产

第一篇 认识花生

1 花生荚果有几种类型？

花生果实为荚果。果针入土 4～6 天，至一定深度（一般 3～10 厘米），子房即在土壤中横卧膨大长为荚果，腹缝向上。果针入土后呈白色，至果壳硬化时渐呈固有的黄色。果壳外观可见 12 条纵脉，其间有许多小维管束相通，形成若干纵横支脉。果壳脉纹的深浅因品种类型、成熟度及土壤环境而异。龙生型花生、成熟度好的或黏紧土壤中所产生的荚果脉纹较深。成熟荚果的果壳坚硬，成熟时不开裂，多数荚果具有二室，也有三室及以上者，各室间无横隔，有或深或浅的缩缢，称为果腰。荚果的先端突出似鸟喙状，称为果嘴，其形状可分为钝、微钝和锐利 3 种。荚果形状因品种而异，大体可分为普通形、斧头形、葫芦形、蜂腰形、茧形、曲棍形、串珠形 7 种。

2 花生种子由哪几部分组成？

花生种子由种皮、子叶、胚 3 个部分组成。种皮有黑色、紫色、紫红色、褐红色、桃红色、粉红色、白色、红白相间等不同颜色，包在种子最外边，主要起保护作用。包在种皮里面的是 2 片乳白色肥厚的子叶，也称为种子瓣，储藏着供胚发芽出土、形成植物体所需的脂肪、蛋白质和糖类等养分，种子瓣的重量占种子的 90% 以上。胚又分为胚芽、胚轴和胚根 3 个部分。胚根，象牙白色，突出于 2 片子叶之外，呈短喙状，是生长成主根的部分。胚芽，蜡黄色，由 1 个主芽和 2 个侧芽组成，是以后长成主茎和分枝的部分。胚根上端和胚芽下端为粗壮的胚轴，种子发芽后将子叶和胚芽推向地面的胚轴上部，称为根茎。

3 花生植株形态结构是怎样的？

种子发芽出土后，胚轴上的顶芽长成主茎，高度一般为 40～50 厘米，茎节在群体条件下有 15～25 隔，基部节间较短，中部较长，上部较短。主茎有 1 片真叶展现时，2 个侧芽紧贴子叶节对生，长成第一对侧枝。主茎 4～5 片真叶展现时，在第一、二片真叶的叶腋里互生出第二对侧枝。荚果大部分着生在第一、二对侧枝及其分枝上，其他侧枝结果很少。根据分枝数的多少，花生可分为 2 种：一是植株发生分枝 2 次以上、单株总分枝数多于 10 条的为密枝型；二是植株很少发生二次分枝、单株总分枝数在 10 条以下的为疏枝型。

4 花生开花结荚特性是怎样的？

花生的花在清晨太阳升起时开放，阴雨天则开花时间推迟。花开放前，幼蕾膨大，花药与柱头保持一定的距离。当花瓣开放时，花药接近柱头，雄蕊管伸长，在开花前 4～5 小时，雄蕊与雌蕊接触，将花粉粒散出落在柱头上，即为授粉。授粉后，花粉粒在柱头上发芽，长成花粉管，花粉管到达花柱基部，先端进入珠孔，穿进胚囊，管壁破裂释放出 2 个精核，1 个与卵细胞结合，1 个与两极核结合，完成受精。受精后的细胞膨大，形成果针，入土后即可形成荚果。花生的花主要分布在第一对侧枝上，占总数的 50％～60％，第二对侧枝占 20％～30％。因此，花生荚果主要分布在第一、二对侧枝上，第一、二对侧枝上的结荚数量是决定产量高低的关键。

5　花生栽培品种有几种类型？

以品种类型的农艺学综合性状的一致性为依据，将我国花生栽培品种分为5个类型。

（1）普通型：主茎上完全是营养芽，除主茎基部的营养芽所分化的分枝外，主茎顶端无明显分枝。第一次与第二次分枝上营养芽和生殖芽交替着生。荚果普通形，大部分均有果嘴，无龙骨，荚壳表面平滑，壳较厚，可见明显的网状脉纹，典型的双仁荚果。种子椭圆形，种皮多粉红色。生育期较长，多为晚熟或极晚熟品种。种子发芽对温度的要求较高，休眠期较长。耐肥性较强，适于水分充足、肥沃的土壤栽培。

（2）龙生型：主茎上完全是营养枝，除基部有若干分枝外，茎梢无分枝。第一次与第二次分枝上营养芽和生殖芽交替着生，几乎全是蔓生的，侧枝偃卧在地面上，主茎明显可见。荚果龙骨和喙均很明显，荚果的横断面呈扁圆形，脉纹明显，荚壳较薄，有腰，以多仁荚果为主，果柄脆弱，容易落果。种子椭圆形，种皮颜色发暗。

（3）珍珠豆型：主茎上除基部为营养枝外，主茎梢部可能有潜伏的生殖芽。第一对侧枝的第一节通常均为营养枝，茎枝比较粗壮。荚果茧形或葫芦形，典型的双仁荚果，果壳薄，有喙或无喙，有腰或无腰，荚果脉纹网状。种子圆形，由于胚尖略有凸起而多呈桃形，种皮以白粉色为主，有光泽，均为小粒或中小粒品种。耐旱性较强，对叶部病害抗性较差。种子休眠性较弱，休眠期短。种子发芽对温度的要求较低，所以适于早播。

（4）多粒型：主茎上除基部的营养枝外，各节均有花枝。

节间较短，分枝少，只有5～6条。第一次分枝后，很少生有第二次侧枝，是典型的连续开花型。荚果以多粒为主，双仁荚果也占有一定的比例，果壳厚，脉纹平滑和显著，果喙不明显，果腰不明显。种皮大多为红色或紫红色，个别品种为白色，均为小粒或中小粒品种。种子休眠性较弱，休眠期短。种子发芽对温度的要求最低，大多为早熟或极早熟品种。

（5）中间型：有两大特点。一是连续开花、连续分枝，开花量大，受精率高，双仁果和饱果指数高，荚果普通形或葫芦形，果型大或偏大，网纹浅，种皮粉红色，出仁率高。株型直立，分枝少，叶片小或中等。中熟或早熟偏晚。种子休眠性中等。二是适应性广。

6 花生对种植区域的自然条件有何要求？

花生对温度、水分、光照等气候因素都有一定的要求，积温和开花结荚期的日平均气温高低及适温保持时间是主要的制约因素。

（1）温度：花生是喜温作物。生长适温是25～30℃，低于15.5℃时基本停止生长，高于35℃则对花生生育有抑制作用；昼夜温差超过10℃不利于荚果发育，白天26℃、夜间22℃最适于荚果发育，白天30℃、夜间26℃最适合营养生长；5℃以下低温5天，根系便受伤，-2～-1.5℃时地上部便受冻害。全生育期需积温3 000～3 500℃（珍珠豆型约3 000℃，普通型和龙生型约3 500℃）。

（2）水分：花生比较耐旱，但发芽出苗时要求土壤湿润，田间最大持水量以70%为适宜，出苗后便表现出较强的抗旱能力。苗期需水少，开花期需要土壤水分充足，如果20厘米深的土层内含水量降至10%以下，开花便会中断，下针结实期要求土壤湿润又不渍涝。花生全生育期降水量300～500毫米便可种植，多数产区水分对产量造成影响主要是由于降水分布不均。

（3）光照：花生对日照长度的变化不敏感。尽管长日照和短日照地区之间可以相互引种，但花生毕竟属于短日照作物。长日照有利于营养生长，短日照促进开花。在短日照条件下，植株生长不充分，开花早，单株结果少。光照不足时，植株易出现徒长、产量低的现象；光照充足时，植株生长健壮，结实多，饱果率高。

7 花生有哪些营养保健作用？

在植物蛋白中，花生蛋白在数量上、营养上仅次于大豆蛋白，是较理想的食用蛋白资源。花生蛋白含有人体必需的8种氨基酸，除蛋氨酸含量较低外，赖氨酸、色氨酸、苏氨酸接近联合国粮食及农业组织所规定的标准，而其他4种氨基酸含量则超过了此标准，其构成比例适中，而且赖氨酸含量比大米、小麦、玉米粉高3～8倍，其有效利用率达98.96%，比大豆高20%。花生蛋白还含有较多的谷氨酸和天门冬氨酸，这2种氨基酸对脑细胞发育和增强记忆力有良好的促进作用。花生蛋白的生物价（BV）为58，蛋白质功效比值（PER）为1.7，纯消化率为87%，易被人体消化和吸收。花生蛋白基本不含胆固醇，饱和脂肪酸含量低，亚油酸含量高，可以预防高血压、动脉硬化和心血管等方面的疾病。

花生油是优质食用油，深受国内外消费者喜爱。日本以及东南亚一些国家的许多家庭习惯食用花生油，中国香港90%以上的家庭食用花生油。我国生产的花生油品质优良、营养丰富、气味清香，是消费者所喜爱的食用油。花生中油脂含量达44.27%～58.86%，大多为不饱和脂肪酸，特别是人体必需的亚油酸含量丰富。花生油可以降低血清低密度脂蛋白胆固醇水平，提高高密度脂蛋白胆固醇水平，降低心血管疾病的危险性。

花生茎叶、果壳、种皮、籽仁都具有较高的药用价值，可以直接药用或作为制药原料。花生籽仁有补脾润肺、补中益气、开胃醒脾及止血的作用，生食10～20粒能明显减缓胃酸过多的现象。

8 种植花生的效益如何？

种植花生不仅投入低、效益高，而且抗旱耐瘠、适应性强。在条件差的丘陵旱薄地，种植玉米等作物产量很低，而种植花生则能取得一定或较好的收成。在相同生产条件下，种植花生与其他作物相比，投资小、用工省、比较效益高，还可以起到改良土壤、增加后茬作物产量的作用。据统计，农民种植1亩*花生比种植1亩小麦和玉米的总收入还要高100元左右。根据花生主产区的生产调查，花生单产为250千克/亩，扣除种子、化肥、农药、用工等各项生产费用，可获纯利400元左右。由于花生根瘤固氮肥田，根瘤固定的氮约有2/3供给当季花生需要，其余1/3留在土壤中，相当于每亩施用20～25千克标准氮肥。因此，花生是小麦、玉米、水稻等粮食作物的良好前茬作物，相同条件下花生后作种植小麦、玉米或水稻，较在其他茬口种植可增产10%～15%，每亩可增值20～30元。近20年来，随着农业科技的进步、生产水平的提高，花生单位面积产量不断提高，已先后出现大面积花生单产达400千克/亩和500千克/亩的高产田，种植花生的经济效益大幅度提高，成为农民致富的一条重要途径。

---

* 亩为非法定计量单位。1亩＝1/15公顷。

9 花生能出口吗？

花生是我国传统的出口农产品，畅销许多国家。花生也是国际贸易中的主要商品之一，20 世纪 80 年代以来，世界花生年贸易量达 1 100 万吨以上（以花生仁计）。

我国花生品质优良，在国际市场上享有盛名，尤其是山东大花生，以颗粒肥大、色泽鲜艳、清脆香甜、无黄曲霉毒素而著称于世，在国际市场上具有较强的竞争力。我国花生的出口贸易量，20 世纪 50 年代在 10 万～180 万吨，60—70 年代出口很少，80 年代以后我国花生出口量逐年稳步提升，达到 100 万～220 万吨，年均出口量占世界花生出口总量的 22.7%，90 年代出口量增至 300 万吨以上，1993 年达到 420 万吨，1994 年达到 480 万吨，1995 年后虽有回落，2000 年又回升至 400 万吨，2001 年达到 493.6 万吨，占国际花生市场 1/3 以上的份额。

在花生出口量稳定增加的同时，我国花生出口结构正在由以出口原料为主向出口原料与花生制品并重的方向发展与转变，从原来单纯出口花生米、花生果，发展到目前出口筛选分级米、原料果、烤果、乳白（脱衣）花生、花生酱及其他花生制成品。

我国出口花生主要以普通型、珍珠豆型和中间型大粒种为主，多粒型花生出口量较少。我国花生出口输出范围也在逐渐拓宽，由传统的东南亚地区逐渐发展到欧美等发达国家。我国每年向欧盟国家出口花生十几万吨，其次是出口到日本、澳大利亚及中东地区的一些国家。

10 花生食品加工前景如何？

花生除了用来榨油外，利用花生直接制作的食品种类多、品质优、市场占有率高。用脱脂或半脱脂的花生可加工成花生蛋白粉、组织蛋白、分离蛋白、浓缩蛋白，这些蛋白粉是食品工业的重要原料，既可直接用于制作焙烤食品，也可与其他动、植物蛋白混合制作肉制品、乳制品和糖果等。花生蛋白可用于制作面包、面条、饼干及其他糕点的添加剂、强化剂，既能提高食品的营养价值，又能改善食品的功能特性。例如，用花生蛋白和牛奶生产的混合乳，非常适合学龄前儿童食用，其营养成分中总固形物 11.5%，其中，蛋白质 4%、脂肪 2%、碳水化合物 5%，并含有维生素 A、维生素 B_2、维生素 B_{12}、维生素 C、维生素 E、叶酸、碳酸钙、烟酸胺等。混合乳的各种氨基酸含量，大部分高于联合国推荐标准，仅低于鸡蛋蛋白。花生在改变人类饮食结构、提高人们生活水平方面，将会发挥越来越大的作用。

第二篇　生产上应用的各类高产品种

11 出口大花生有哪些特点特性?

出口大花生是指以山东大花生为代表的一类花生品种,主要以花 17、鲁花 4 号为代表品种。随着生产的发展和育种技术的进步,对花 17 进行了改良,由栖霞县种子公司选育出了栖选 1 号,审定品种名称为鲁花 10 号。2000 年,山东省花生研究所综合出口品种的优良性状,选育出了高产、抗逆的新品种花育 22,替代花 17 和栖选 1 号成为出口的山东大花生主要品种。目前,山东省花生研究所选育出了产量、性状、品质远远优于花育 22 的出口品种花 955,在烟台的牟平、威海的荣成得到大面积推广,逐渐成为出口的主要品种。出口大花生的特点主要表现:一是荚果细长,网纹深浅中等;二是花生仁呈椭圆形;三是内种皮黄色或金黄色。

12 有哪些适合出口的大花生品种?

(1) 花育 9120。山东省花生研究所采用系谱法育成的普通型早熟出口大花生新品种。2020 年通过非主要农作物品种登记。

特征特性:该品种生育期 124 天。百果重 296 克,百仁重 110 克。花生籽仁粗脂肪含量 54.18%,粗蛋白含量 23.5%,油酸含量 44.9%,亚油酸含量 33.7%,油酸/亚油酸比值 (O/L) 1.33。抗旱性强,耐涝性强,抗倒伏性强,种子休眠性中等,易感叶斑病。

产量表现：2017年国家北方片花生新品种多点试验，20个试点平均亩产荚果359.88千克、籽仁250.12千克，居参试品种的第三位。2018年国家北方片花生新品种多点试验，19个试点平均亩产荚果360.76千克、籽仁246.68千克，分别居参试品种的第二位和第三位。

（2）花育22。山东省花生研究所经系谱法选育而成的早熟出口大花生新品种。2003年通过山东省农作物品种审定委员会审定。

特征特性：该品种属普通型大花生，生育期130天左右。主茎高35.6厘米，侧枝长40.0厘米，单株生产力18.8克。荚果普通形，果较大，网纹粗，籽仁椭圆形，种皮粉红色，内种皮金黄色，符合普通型传统出口大花生标准。百果重245.9克，百仁重100.7克，出仁率71.0%。经农业农村部食品监督检验测试中心（济南）测定品质，花生籽仁脂肪含量49.2%，蛋白质含量24.3%，油酸含量51.73%，亚油酸含量30.25%，油酸/亚油酸比值（O/L）1.71。

产量表现：在2000—2001年山东省花生新品种大粒组区域试验中，平均亩产荚果330.1千克、籽仁235.4千克，分别比对照鲁花11增产7.6%和4.9%。2002年参加生产试验，平均亩产荚果372.2千克、籽仁268.9千克，分别比对照鲁花11增产8.8%和7.5%。

（3）花育955。山东省花生研究所经系谱法选育而成的早熟出口大花生新品种。2015年通过安徽省非主要农作物品种鉴定，2019年通过国家非主要农作物品种登记。

特征特性：该品种属早熟直立大花生，春播生育期130天左右，麦套或夏直播105天左右。株高42厘米左右，株型直立，分枝数9条左右，叶色较绿，结果集中，果柄较长。荚果网纹较清晰，形状普通形，籽仁浅粉色，无裂纹。百果重约250克，百仁重约100克，出仁率73%左右。花生籽仁脂肪含量48.43%，蛋白质含量23.46%，油酸含量50.02%，亚油酸含量33.21%，油酸/亚油酸比值（O/L）1.51。符合普通型传统出口大花生标准。

产量表现：2013年山东省花生研究所试验站品比试验，亩产荚果375.81千克，比对照鲁花11增产13.77%。2014年山东省花生研究所试验站品比试验，亩产荚果384.41千克，比对照鲁花11增产9.85%。2015年安徽大花生区试，亩产荚果312.78千克，比对照鲁花8号增产11.56%。

13 出口小花生有哪些特点特性？

小花生在我国的出口中占据较大的比例，以白沙1016为特征的品种为主体，白沙1016是20世纪60年代广东白沙农场选育的珍珠豆型小花生品种，由山东省花生研究所引种到山东并推广到东北地区。主要表现：一是花生仁圆粒形或马蹄形；二是花生荚果珍珠豆形或蚕茧形。

14 有哪些适合出口的小花生品种？

（1）花育20。山东省花生研究所采用系谱法选育成的小花生新品种。2002年通过全国农作物品种审定委员会审定。

特征特性：该品种属于早熟直立"旭日型"小花生品种，夏播生育期114天左右。疏枝型，主茎高36.6厘米，侧枝长40.5厘米，单株结果数10.3个，结实率高，双仁果率95%以上。荚果普通形。百果重173.8克，百仁重68.6克，出仁率73.3%左右。农业农村部食品质量监督检验测试中心（济南）测试，花生籽仁脂肪含量53.72%，蛋白质含量27.7%，油酸/

亚油酸比值（O/L）1.51。

产量表现：2000 年在全国北方片品种区试中，平均亩产荚果 224.76 千克、籽仁 164.21 千克，分别比对照白沙 1016 增产 15.18% 和 19.71%。2001 年在全国北方片生产试验中，平均亩产荚果 258.12 千克，比对照白沙 1016 增产 15.16%。

（2）花育 45。山东省花生研究所经系谱法选育而成的小花生品种。2013 年通过辽宁省非主要农作物品种备案办公室备案，2016 年通过全国花生品种鉴定委员会鉴定。

特征特性：该品种属早熟直立珍珠豆型小花生品种，平均生育期 121 天。株型直立，叶片椭圆形、深绿色，连续开花，花橙黄色。主茎高 39.5 厘米，侧枝长 43.4 厘米，总分枝 6.8 条，结果枝 6.8 条，单株结果数 16.2 个。荚果斧头形，网纹深，籽仁三角形，粉白色，无裂纹，有少量油斑。百果重 203.1 克，百仁重 61.3 克，出仁率 71.1%。花生籽仁含油量 54.12%，粗蛋白含量 29.22%，油酸/亚油酸比值（O/L）1.41。抗旱性、耐涝性强，抗黑斑病，中抗网斑病，种子休眠性强。

产量表现：2012 年参加辽宁省杂粮备案品种试验，平均亩产荚果 275.89 千克、籽仁 196.16 千克，比对照白沙 1016 分别增产 19.40% 和 16.42%。

（3）青花 6 号。青岛农业大学经系谱法选育而成的小花生品种。2010 年通过山东省品种审定委员会审定。

特征特性：该品种属珍珠豆型小花生品种，春播生育期 121 天。主茎高 37 厘米，侧枝长 41 厘米，总分枝 9 条；单株结果 16 个，单株生产力 16.0 克。荚果蚕茧形，网纹清晰，后室大于前室，果腰不明显，籽仁桃形，种皮浅粉红色，内种皮白色。百果重 161 克，百仁重 67 克，千克果数 753 个，千克仁数 1 682 个,出仁率 75.4%;抗病性中等。2007 年经农业部食品质量监督检验测试中心(济南)品质分析,花生籽仁蛋白质含量 22.3%,脂肪含量 45.9%,油酸含量 40.0%,亚油酸含量 34.0%,油酸/亚油酸比值(O/L)1.2。2007 年经山东省花生研究所抗病性鉴定,网斑病病情指数 43.6,褐斑病病情指数 17.3。

产量表现:在 2007—2008 年山东省花生品种小粒组区域试验中,两年平均亩产荚果 299.4 千克、籽仁 226.3 千克,分别比对照花育 20 增产 8.6% 和 11.9%。2009 年生产试验平均亩产荚果 326.0 千克、籽仁 251.9 千克,分别比对照花育 20 增产 11.9% 和 14.7%。

15 有哪些适合榨油的花生品种?

(1)花育 25。山东省花生研究所采用系谱法选育而成。2007 年通过山东省农作物品种审定委员会审定。

特征特性:该品种属早熟直立大花生,生育期 129 天左右。主茎高 46.5 厘米,株型直立、紧凑。结果集中。荚果网纹明显,近普通形,种皮粉红色。百果重 239 克,百仁重 98克,出仁率 73.5%。花生籽仁脂肪含量 48.6%,蛋白质含量 25.2%,油酸/亚油酸比值(O/L)1.09。种子休眠性强,抗旱性较强,耐涝性中等。

产量表现:在 2004—2005 年山东省花生新品种大粒组区域试验中,平均亩产荚果 319.8 千克、籽仁 232.5 千克,分别比对照鲁花 11 增产 7.3% 和 9.4%。2006 年参加生产试验,平均亩产荚果 327.6 千克、籽仁 240.9 千克,分别比对照鲁花 11 增产 10.9% 和 12.2%。

(2)花育 50。山东省花生研究所采用系谱法选育而成。

2013 年通过山东省审定，2014 年通过国家鉴定，2019 年通过国家非主要农作物品种登记。

特征特性：该品种属中间型大花生，春播生育期 130 天。主茎高 43.3 厘米，侧枝长 47.5 厘米，总分枝 8 条，单株结果 15 个，单株生产力 24.6 克。荚果普通形，网纹粗浅，果腰浅，籽仁长椭圆形，种皮粉红色，内种皮淡黄色，连续开花。百果重 265.0 克，百仁重 103.0 克，千克果数 490 个，出仁率 70.0%。2010 年经农业部油料及制品质量监督检验测试中心品质分析，花生籽仁蛋白质含量 25.47%，脂肪含量 49.67%，油酸含量 45.5%，亚油酸含量 32.6%，油酸/亚油酸比值（O/L）1.4。2011 年经山东省花生研究所田间抗病性调查，抗网斑病。

产量表现：在 2010—2011 年山东省大花生品种区域试验中，两年平均亩产荚果 318.7 千克、籽仁 223.7 千克，分别比对照丰花 1 号增产 10.0% 和 11.4%。2020 年在山东平度进行了测产验收，花育 50 高产示范田亩产 685.2 千克。

16 鲜食花生有哪些特点特性？

山东省花生研究所自 2002 年开始研究鲜食花生，由于市场需求越来越大，种植效益比较高，生产加工机械化应用广泛，种植规模也随着市场的需求增大而逐年增加。鲜食花生供应根据季节和地域自然条件特点，自 3 月中旬开始到 9 月下旬，自南往北，从海南到河北，不间断地供应市场。鲜食花生主要特点表现在：一是早熟或晚熟。早熟生育期在 115 天以内，晚熟生育期在 145 天以上，85% 的荚果达到成熟"青皮铁壳"的收获标准。二是口感好。吃起来软绵不硬，有甜香味。三是容易剥壳。四是果型以小型果或中型果为主。

17 有哪些适合鲜食的花生品种？

（1）花育 9515。山东省花生研究所最新选育的鲜食早熟高产花生新品种。2023 年通过国家非主要农作物品种登记。

特征特性：该品种属早熟直立多粒花生，生育期 110 天左右。株型直立，疏枝，连续开花。主茎高 45～50 厘米，侧枝长 50～54 厘米，总分枝数 9～10 条。单株结果数 18 个，单株生产力 22 克。叶色浅绿，结果集中。荚果多粒串珠形，网纹较明显，籽仁红色，种皮无裂纹。百果重约 240 克，百仁重约 80 克，出仁率 72.5%。花生籽仁粗脂肪含量 48.93%，蛋白质含量 26.2%，油酸/亚油酸比值（O/L）1.05。抗旱性中等，休眠性较弱。

产量表现：第一生长周期亩产荚果 256.9 千克，亩产籽仁 185.3 千克，分别比对照四粒红增产 15.8% 和 13.9%。第二生长周期亩产荚果 297.4 千克，亩产籽仁 219.1 千克，分别比对照四粒红增产 12.9% 和 10.2%。

（2）花育 28。山东省花生研究所采用系谱法选育而成。2008 年通过山东省农作物品种审定委员会审定。

特征特性：该品种属疏枝型早熟小花生品种，春播生育期 115 天。株型直立，主茎高 37.7 厘米，侧枝长 41.5 厘米，叶片浓绿色。荚果斧头形，网纹明显，果嘴微钝，荚果大小中等，籽仁三角形，无裂纹，种皮粉红色，结果集中。百果重 192.0 克，百仁重 80.1 克，千克果数 700 个，千克仁数 1 493 个，出仁率 74.7%。农业农村部食品质量监督检验测试中心（济南）的检验表明，花生籽仁蛋白质含量 26.2%，粗脂肪含量 52.4%，油酸含量 42.9%，亚油酸含量 36.7%，油酸/亚油酸比值（O/L）1.17。

产量表现：在2005—2006年山东省小粒组区域试验中，平均亩产荚果311.38千克、籽仁233.45千克，分别比对照鲁花12增产12.9%和15.8%。2007年参加生产试验，平均亩产荚果288.1千克、籽仁207.8千克，分别比对照鲁花12增产26.4%和26.7%。

（3）潍花9号。山东省潍坊市农业科学院育成的小花生新品种。2006年通过国家新品种鉴定，2008年通过山东省品种审定委员会审定。

特征特性：该品种属珍珠豆型早熟小花生，春播生育期120天左右，夏播95天左右。株型直立，主茎高34.3厘米，侧枝长37.9厘米，叶片倒卵形、深绿色。结果集中，整齐饱满，荚果茧形，籽仁近圆形，种皮粉红色。百果重184.2克，百仁重76.6克，出仁率75%左右。花生籽仁蛋白质含量23.74%，脂肪含量52.9%，油酸含量41.4%，亚油酸含量36.8%，油酸/亚油酸比值（O/L）1.13。抗旱、涝性强，较抗叶斑病，耐缺铁症，种子休眠性较强。

产量表现：2003—2004年全国北方片小花生区试，平均亩产荚果243.80千克、籽仁178.36千克，分别比对照鲁花12增产15.96%和17.23%。2005年全国生产试验，平均亩产荚果302.61千克、籽仁223.80千克，分别比对照鲁花12增产20.56%和20.98%。2007年山东省生产试验，平均亩产荚果273.0千克、籽仁196.5千克，分别比对照鲁花12增产19.7%和19.9%。一般亩产300千克左右，高产栽培可达500千克以上。

18 炒食花生有哪些特点特性？

我国自古以来就有炒食花生的习惯，只是由于当时科研技术落后，没有选育出比较好的用于炒食的专用花生品种。育种科技人员以满足广大人民对美好生活需求为己任，选育出适合炒食的专用花生品种。炒食花生品种的特点主要表现在：一是花生米炒熟后要酥、脆、香、甜。二是蛋白质含量要高，脂肪含量要低。三是荚果以中型果或小型果为主。四是花生的饱满度要高，双仁果的前后室都要饱满。五是皮薄，出仁率高。六是荚果略微有果腰或没有腰。

19　有哪些适合炒食的花生品种?

（1）花育 23。山东省花生研究所选育。2004 年经山东省农作物品种审定委员会审定。

特征特性：该品种属疏枝型直立小花生，生育期 129 天。主茎高 37.2 厘米，侧枝长 43.1 厘米，单株结果数 17.7 个。百果重 153.7 克，百仁重 64.2 克，出仁率 74.5%。花生籽仁粗脂肪含量 53.1%，蛋白质含量 22.9%，油酸/亚油酸比值（O/L）1.54。种子休眠性、抗旱性强，较抗叶斑病和网斑病。

产量表现：2002—2003 年参加山东省区域试验和生产试验，区试平均亩产荚果 312.6 千克、籽仁 234.0 千克，分别比对照鲁花 12 增产 13.5% 和 16.0%；生产试验平均亩产荚果 281.5 千克、籽仁 211.7 千克，分别比对照鲁花 12 增产 21.5% 和 24.8%，表现出良好的适应性。

（2）花育 39。山东省花生研究所以白沙 1016 为母本、弗罗兰娜为父本，经杂交系选育而成。2011 年通过山东省品种审定委员会审定。

特征特性：该品种属珍珠豆型小花生，春播生育期 123 天。主茎高 40.1 厘米，侧枝长 43.3 厘米，总分枝 8 条；单株结果 18 个，单株生产力 15.8 克。荚果茧形，网纹较浅，果腰浅，籽仁桃形，种皮粉红色，内种皮浅黄色。百果重 128.0

克，百仁重 54.6 克，千克果数 933 个，千克仁数 2 059 个，出仁率 74.4%。2008 年经农业部食品质量监督检验测试中心（济南）品质分析，花生籽仁蛋白质含量 20.7%，脂肪含量 47.9%，油酸含量 38.9%，亚油酸含量 38.5%，油酸/亚油酸比值（O/L）1.0。2007 年经山东省花生研究所田间抗病性调查，感网斑病，抗褐斑病。

产量表现：在 2007—2008 年山东省花生品种小粒组区域试验中，两年平均亩产荚果 293.4 千克、籽仁 218.0 千克，分别比对照花育 20 增产 6.4% 和 7.7%。在 2009—2010 年生产试验中，两年平均亩产荚果 341.5 千克、籽仁 245.6 千克，分别比对照花育 20 增产 9.4% 和 11.9%。

20 怎样生产花生蛋白？

国内花生榨油 90% 以上采用传统高温压榨工艺，压榨前需经反复蒸炒、烘烤，造成油的营养品质变差，油中维生素 E、甾醇、麦胚酚、磷脂等营养因子损失严重。高温压榨后花生粕中蛋白质严重变性，营养与物化特性降低，通常只用作饲料或肥料，无法开发花生蛋白粉、花生奶、分离蛋白和花生肽等高附加值的产品，造成优质花生蛋白资源的浪费。花生仁经分级、低温烘干、脱红衣、精选去除异色粒（霉粒）之后进行低温预榨。低温预榨即花生仁不经轧坯和蒸炒，在低于 65 ℃ 至常温的料温下，直接进入低温双螺旋预榨机进行压榨得到花生饼粕，即花生蛋白。低温冷榨后，花生蛋白不变性，通过优化系列微胶囊产品的工艺条件，能够获得花生蛋白粉、原花青素、花生降血糖肽、花生抗菌肽、花生蛋白肽-螯合钙、花生蛋白-姜黄素复合物微胶囊等产品。

花生蛋白可被广泛应用于以下领域：

（1）应用于肉制品和水产品。添加花生蛋白可以提高制品中的蛋白质含量，降低动物脂肪及胆固醇。

（2）应用于乳制品。①配方奶粉中添加花生蛋白，可以提高奶粉中的蛋白质含量，增强其营养价值；②粉末状花生蛋白具有与脱脂奶粉极其相似的功能特性，因此，可直接利用花生蛋白的乳化性、起泡性、黏稠性等，应用于乳制品或代乳品中；③针对特定消费者对奶粉的乳糖不耐症，可以制成花生蛋白奶粉。

（3）应用于饮料生产。蛋白类产品可添加调味品如果汁、巧克力、植物油、糖、柠檬酸等，制作成人造乳、咖啡、豆奶、豆奶酪、果汁豆奶等，味道及营养价值都良好。

（4）用于冰激凌生产。花生蛋白可用来代替冰激凌中的脱脂乳粉。陈化使冰激凌黏度增加，添加花生蛋白对冷冻时气泡的稳定有效果，还可改善冰激凌乳化性质，推迟冰激凌中乳糖结晶的出现，防止起沙的现象。

（5）应用于糖果生产。花生蛋白在糖果中，可代替脱脂乳粉，其乳化作用好于脱脂豆粉，如在巧克力中添加花生蛋白后，可减少黏附加工设备的现象，增强感官形状和物理性能。

21　有哪些适合蛋白生产的花生品种？

（1）花育 67。山东省花生研究所育成的优质高产低脂肪小花生新品种。2014 年 3 月通过辽宁省非主要农作物品种备案委员会备案。

特征特性：该品种属珍珠豆型中早熟品种，生育期 120天。株型直立，疏枝，连续开花。主茎高 36.78 厘米，侧枝长43.78 厘米，总分枝 13.9 条，结果枝 12.3 条。单株结果数

15.6个，单株生产力 32.97 克。叶片椭圆形，深绿色，中等大小。荚果普通形，果嘴弱，网纹中等。籽仁椭圆形，外种皮浅红色，内种皮橘黄色。百果重 217.4 克，百仁重 90.6 克，出仁率 69.5%。花生籽仁含油量 51.82%，蛋白质含量 30.35%，油酸含量 54.62%，亚油酸含量 28.09%，油酸/亚油酸比值（O/L）1.94；茎蔓粗蛋白含量 15.1%。耐叶斑病、锈病，种子休眠性中等，抗旱耐涝性中等，较耐盐碱。

产量表现：荚果第一生长周期亩产 286.48 千克，比对照白沙 1016 增产 7.8%；第二生长周期亩产 295.12 千克，比对照白沙 1016 增产 8.6%。籽仁第一生长周期亩产 199.10 千克，比对照白沙 1016 增产 7.5%；第二生长周期亩产 205.11 千克，比对照白沙 1016 增产 8.3%。

（2）花育 6306。山东省花生研究所育成的优质高产低脂肪小花生新品种。2019 年通过国家非主要农作物品种登记。

特征特性：生育期 122 天。直立，疏枝，连续开花。主茎高 47.0 厘米，侧枝长 50.4 厘米，总分枝 14.6 条，结果枝 14.3 条。单株饱果数 20.3 个，单株生产力 45.8 克。叶片倒卵形，绿色。荚果茧形，果嘴弱，网纹中，缩缢浅。百果重 201.9 克，百仁重 78.1 克，出仁率 63.4%。籽仁圆柱形或桃形，外种皮浅红色。花生籽仁粗蛋白含量 30.7%，粗脂肪含量 48.0%。

产量表现：2017—2018 年国家北方片花生区域试验，两年平均亩产荚果 301.2 千克、籽仁 190.8 千克，分别比对照花育 20 增产 2.7% 和 6.2%。

22 高油酸花生有哪些特点特性？

我国高油酸花生研发起步较晚，2009 年育成了第一个高油酸小花生品种花育 32，并通过山东省农作物品种审定委员会审定。高油酸花生从外观看与其他的花生品种在荚果形状、网纹、果嘴、果腰等方面没有差异，只是不同的品种在细节上表现出差别；花生仁与其他的花生仁也没有差别。在内在品质上其油酸含量比其他花生的油酸含量高，因此也称为高油酸花生。

判断一个花生是否是高油酸花生的标准有两个方面：一是通过检测，高油酸花生油酸/亚油酸的比值（O/L）≥9；二是脂肪酸中油酸含量≥75%，高油酸花生原料油酸含量≥73%。在直观条件下，低温下（4 ℃）通过观察花生油是否分层，也可初步判定是否为高油酸花生油。由于气候特点和自然条件不同，在不同地点同一品种油酸含量变幅为1.6%～6.8%。

高油酸花生的特点与作用主要表现在两方面：一是高油酸花生的保健价值。油酸有降低血清总胆固醇（TC）、甘油三酯和低密度脂蛋白胆固醇，提高高密度脂蛋白胆固醇的作用，可以有效预防高血压的发生。通过喂食小白鼠后测定，血液中低密度脂蛋白胆固醇降低了78.6%。二是高油酸花生的经济价值。油酸可以提高花生及其制品的耐储藏性，延长其货架寿命，如高油酸花生烤果仁货架期为普通花生的8倍，加工后的咸果货架期为普通花生的20倍。油酸可以延长种子的储藏期，高油酸花生比非高油酸花生耐储性好，可保存2～3年，但不同高油酸花生品种间存在差异。高油酸花生油的稳定性比普通花生油提高了将近1倍。

23　有哪些高油酸花生品种？

（1）花育52。山东省花生研究所选育的早熟直立高油酸小花生品种。2019年通过国家非主要农作物品种登记，获得品种权。

特征特性：该品种属早熟小花生品种，山东春播生育期120 天（夏播 110 天）。主茎高 45 厘米，分枝数 10 条。连续开花，株型直立抗倒伏。叶绿色。结果较集中。荚果近斧头形，无果腰，网纹浅，种皮粉红色，籽仁无裂纹。千克果数752 个，千克仁数 1 589 个。百果重 190.00 克，百仁重 76.29克。饱果率 76%，出仁率 76.63%。花生籽仁脂肪含量50.25%，蛋白质含量 24.68%，油酸含量 81.45%，亚油酸含量 3.02%，油酸/亚油酸比值（O/L）26.97。

产量表现：山东省花生研究所品比试验，2011 年平均亩产荚果 297.02 千克，比对照花育 23 增产 8.78%；2012 年平均亩产荚果 260.95 千克，比对照花育 23 增产 7.77%。安徽区域试验，亩产荚果 296.5 千克，比对照白沙 1016 增产10.02%。2015 年吉林试验中亩产荚果 221.02 千克，比对照白沙 1016 增产 12.82%；2016 年吉林试验中亩产荚果 271.3千克，比对照白沙 1016 增产 5.46%。2016 年新疆阿克苏地区花生品种筛选试验，亩产荚果 480.56 千克，位居参试品种第三位，适宜于新疆阿克苏地区种植。2016 年在全国农业技术推广服务中心高油酸品种展示试验中，该品种百果重 160 克，百仁重 70 克，出仁率 75.8%，6 个示范点荚果平均亩产285.5 千克。

（2）花育 958。山东省花生研究所选育的早熟直立高油酸大花生。2019 年通过国家非主要农作物品种登记，申请植物品种权。

特征特性：该品种属早熟直立大花生品种。叶色较绿，结果集中。荚果斧头形，网纹浅，籽仁粉红色，无裂纹。山东春播生育期 130 天，麦套或夏直播 115 天。主茎高 45 厘米，分枝数 10 条。百果重 232 克，百仁重 89 克，出仁率 72.5%。

安徽夏播生育期 118 天，主茎高 39.04 厘米，结果枝数 7.9 条。单株结果数 11.93 个，成熟双仁果数 31.40 个，单株荚果重 17.90 克，单株籽仁重 12.16 克。百果重 211.42 克，百仁重 82.31 克，出仁率 70.41％。花生籽仁脂肪含量 50.16％，蛋白质含量 23.00％，油酸含量 81.24％，亚油酸含量 2.35％，油酸/亚油酸比值（O/L）34.50。

产量表现：山东省花生研究所品比试验，2013 年平均亩产荚果 295.7 千克，比对照鲁花 11 增产 6.46％；2014 年平均亩产荚果 313.47 千克，比对照鲁花 11 增产 5.34％。2015 年安徽夏播花生区试，亩产荚果 250.3 千克，比对照花育 951 增产 14.65％。2020 年山东平度示范田，专家测产亩产 597.3 千克。

（3）花育 910。山东省花生研究所选育的出口型高油酸大花生。2020 年通过国家非主要农作物品种登记。

特征特性：生育期 130 天。荚果普通形，种仁椭圆形，种皮粉红色。百果重 282 克，百仁重 112 克。花生籽仁粗脂肪含量 54.05％，粗蛋白含量 26.49％，油酸含量 80.76％，亚油酸含量 5.05％，油酸/亚油酸比值（O/L）15.96。抗旱性强，抗涝性强，抗倒伏性强，种子休眠性中等。

产量表现：2015—2016 年品种比较试验，两年平均亩产荚果 292.65 千克、籽仁 198.05 千克，分别比对照花育 33 增产 7.45％和 10.25％。

（4）花育 917。山东省花生研究所选育半匍匐型高油酸大花生品种。2016 年通过安徽省品种鉴定，2019 年通过国家非主要农作物品种登记。

特征特性：春播生育期 135 天左右。株型小，匍匐，连续开花。百果重 278 克，百仁重 96 克。花生籽仁粗脂肪含量 55.8％，粗蛋白含量 20.3％，油酸含量 77.7％，亚油酸含量

6.62%，油酸/亚油酸比值（O/L）11.7。种子休眠性中等，抗旱性中等，耐涝性中等。

产量表现：连续3年在辽宁、吉林、江苏、河北、山东、安徽等地展示试验，单粒精播花育917的产量比双粒播种对照品种增产6.35%～41.72%。2020年在山东平度测产验收，花育917高产示范田每亩株数5 670株，亩产645.3千克。

24 适合芽菜生产的花生品种有哪些特点特性？

在农村有一种传统的观念认为花生芽菜有毒，一直没有作为蔬菜食用。山东省花生研究所自2002年开始研究花生芽菜并逐步推广，现在花生芽菜走进千家万户以及餐馆，作为高档菜肴被广大的消费者所青睐，正形成花生生产的一个产业。适合花生芽菜的花生品种主要有以下的特点：一是花生仁是圆粒形或马蹄形；二是花生仁红衣比较紧实，不易脱落。

25 有哪些适合芽菜生产的花生品种？

根据芽菜生产特点要求，筛选出适合芽菜生产的花生品种。

（1）鲁花8号。山东省花生研究所育成的中型果花生品种。1988年通过山东省农作物品种审定委员会审定。

特征特性：该品种属普通型花生品种，春播生育期125天，夏直播110天。株型直立，株高39厘米，叶色深绿。出苗快，开花早，结果集中。荚果普通形，籽仁椭圆形。百果重243.4克，百仁重96.85克，出仁率74.4%。花生籽仁脂肪含量52.66%。

产量表现：山东省春播区试平均亩产荚果271.6千克、籽仁209.53千克，比对照分别增产12.37%和14.23%。

（2）花育16。山东省花生研究所育成的中型果花生品种。

1999 年通过山东省和河北省农作物品种审定委员会审定。

特征特性：该品种属普通型花生品种，春播生育期 130 天，株型直立。株高 40 厘米左右，叶色较绿，结果集中。百果重 210 克，百仁重 100 克，出仁率 75%。抗旱耐涝性强，较抗根腐病和病毒病，适应性广。

产量表现：山东省区试平均亩产荚果 264.3 千克，比对照鲁花 11 增产 14.15%。河北省区试平均亩产籽仁 208.2 千克，比对照冀油 8 号增产 12.09%。

（3）花育 22。山东省花生研究所采用辐射与杂交相结合，经系谱法选育而成。2003 年 3 月通过山东省农作物品种审定委员会审定。

特征特性：该品种属早熟大花生品种，生育期 130 天左右。株型直立，主茎高 35.6 厘米，侧枝长 40.0 厘米。荚果普通形，网纹粗浅，籽仁椭圆形，种皮粉红色，内种皮金黄色。百果重 245.9 克，百仁重 100.7 克，出仁率 71.0%。结果集中，抗病性、抗旱性及耐涝性中等。符合普通型传统出口大花生标准，品质优，耐储藏性好，不耐贫瘠。经农业农村部油料及制品质量监督检验测试中心测定，花生籽仁粗脂肪含量 49.2%，蛋白质含量 24.3%，油酸/亚油酸比值（O/L）1.71。

产量表现：山东省花生新品种大粒组区域试验，两年平均亩产荚果 330.1 千克、籽仁 235.4 千克，分别比对照鲁花 11 增产 7.6% 和 4.9%。2002 年参加生产试验，平均亩产荚果 372.2 千克、籽仁 268.3 千克，分别比对照鲁花 11 增产 8.8% 和 7.5%。

26 休闲花生品种有哪些特点特性？

休闲花生是山东省花生研究所的科技人员根据人们生活消费方式变化提出的一个新的花生产业形式，通常称为瓜子花生。主要表现：一是休闲花生品种的果型比一般的小花生果型还要小，百果重低于50克，百仁重低于40克；二是荚果和籽仁椭圆形；三是双仁果率高于90%以上。

目前选育的休闲花生品种主要是花育656。花育656为山东省花生研究所选育的瓜子花生品种。

特征特性：该品种属早熟小花生品种，春播生育期122.1天。株型直立，连续开花，结果集中。主茎高38.7厘米，侧枝长42.4厘米，总分枝数8.0条。单株结果数20.38个，单株生产力18.4克。荚果普通形，果嘴明显程度弱，表面质地中等；籽仁椭圆形，种皮粉红色，内种皮深黄色。种仁椭圆形，种皮无裂纹，种子休眠性强，抗旱性强。百果重101.6克，百仁重41.5克，出仁率67%。

产量表现：山东省花生研究所品比试验，2011年平均亩产荚果282.43千克，比对照花育23增产10.81%；2012年平均亩产荚果269.87千克，比对照花育23增产6.22%。2018年东北区春播花生区域试验，平均亩产荚果240.90千克、籽仁161.40千克，分别比对照锦花15增产-5.44%和-8.84%。

第三篇　高产高效生产

27　花生高产对土壤有哪些要求?

花生高产土壤必须具备深、活、松的土体结构和上松下实的土层结构特征。

(1) 全土层深厚:高产田全土层要在 50 厘米以上。花生99%的根群分布在 50 厘米以内,主根则深扎 1 米以上。因此,土壤深厚对花生根系的生长发育十分重要。

(2) 耕作层疏松肥沃:厚度在 30 厘米的范围是疏松肥沃的耕作层,也是花生吸肥能力最强的主根群分布层。

(3) 结实层疏松:10 厘米以上的表土层是花生根茎生长和果针入土结实的结实层。要求土壤为通透性良好,干时不散不板,湿时不黏不瀣的沙质壤土。土壤有机质含量 1%以上,全氮含量 0.05%~0.07%,有效磷百万分之 24~百万分之25,速效钾含量百万分之 54~百万分之 74,pH 7~8。3 年以上没有种过花生的地块或不重茬地块。

28　怎样进行耕地?

花生耕地的方式主要有冬耕地和春耕地。冬耕地主要在一年一作区和三年两作区进行。秋季作物收获后至冬季结冰之前,用深耕犁把土壤耕翻 1 次,耕深一般在 40 厘米以上,来年春季结合增施土杂肥、有机肥或化肥,用旋耕机进行 1 次或2 次的旋耕,保持土壤表面精细、平整。冬耕地的作用:一是减轻病虫害；二是保持土壤墒情；三是使增施的肥料均匀地分布在作物主根周围。

春耕地是在春季作物播种前，用浅耕犁或旋耕犁对土壤进行耕作的一种方式，耕深一般在20～25厘米。

29 为什么要3年深耕1次?

在实际生产中，由于受机械等条件的限制，能够做到每年深耕比较困难。一般情况下，要求每隔3年进行1次深耕，耕深在40厘米以上。主要原因：一是打破犁底层。每年的耕深在25厘米左右，使土壤形成了坚硬的犁底层，影响到根系对养分、水分等吸收利用。二是将沉淀的肥料翻到结果层。每年施肥中的一部分肥料随着水下沉到犁底层或以下，深耕以后，能够将沉淀的肥料翻到活土层上来，被作物吸收利用。三是改茬（生茬）。通过犁底层和活土层的交换，把当年的花生种植在生茬土上，相当于就地进行了一次改茬。四是抗旱防涝。深耕后，土壤变得疏松，增加了土壤的通透性，保持了土壤对水分的积蓄能力，提高了抗旱防涝水平。五是防治病虫害。深耕后，把表层的各种病菌或虫卵翻到深层，减少病害或虫害的发生条件，起到防治病虫害的作用。

30 如何进行深耕改土?

（1）适时早耕。要使深耕当年见效，必须早耕，以利于土壤充分熟化。所以，秋末冬初深耕效果好。

（2）掌握适宜深度。深耕条件下的花生，其根系95%以上集中分布在0～30厘米的土层，有利于对肥料的吸收。

（3）深耕要不乱土层。深耕打乱土层，生土翻上过多，当年熟化不透，影响花生出苗和生长发育，达不到增产的目的。

因此，深耕要注意熟土在上、生土在下，机械深耕要在犁铧下带松土铲，以达到上翻下松、不乱土层的要求。

（4）结合增施有机肥。增施有机肥，不仅直接为花生提供养分，同时为土壤微生物提供良好的营养条件和生活条件，促进微生物的活动，加快有机质分解和土壤熟化，调节水肥气热的供应，进一步改善土壤肥力状况。

31 花生轮作为什么增产？

花生与其他作物轮作能够增产，主要原因：一是提高土壤肥力。花生与禾本科作物以及甘薯、蔬菜等轮作，由于需肥特点不同，更能充分利用土壤中的营养，实现营养成分吸收利用互补，同时花生根瘤菌固氮，收获后可以增加土壤中的氮素营养。二是改善土壤理化性状。不同作物轮作，对土壤理化性状有良好的影响。花生根系较深，能把土壤中的钙集聚于土壤表层，增强土壤团粒结构；禾本科作物的根系较浅，能使土壤的孔隙度增加，促进微生物的分解，增加土壤营养成分。三是减少杂草和病虫害，任何病虫和杂草都必须在适宜的寄主或共栖环境下才能生活繁衍，轮作不同种属的作物后，病虫失去寄主，杂草没有共栖的环境，病虫和杂草的数量大大减少甚至死亡，从而减轻危害。

32 花生轮作方式有哪些？

花生宜与禾本科作物以及甘薯、蔬菜等轮作，主要有一年两熟轮作、一年一熟隔年轮作、两年三熟轮作、两年四熟轮作以及三年五熟轮作。主要方式如下：

（1）春花生→冬小麦-夏玉米（或夏甘薯等其他夏播作物）。目前，该方式已是黄河流域、山东丘陵、华北平原等暖温带花生产区的主要轮作方式。春花生种植于冬闲地，可以适时早播，覆膜栽培，产量高而稳定。冬小麦在春花生收获后播种，使小麦成为早茬或中茬。

（2）冬小麦-花生-春玉米（春甘薯、春高粱等）。在黄淮平原等气温较高、无霜期较长的地区多采用这种方式，该方式能充分利用光、热等自然条件，使粮食和花生均能获得高产。

（3）冬小麦→夏花生→冬小麦-夏玉米（夏甘薯等其他夏播作物）。该方式已成为气温较高、无霜期较长地区的主要轮作方式，只要栽培技术得当，可以获得粮食和花生双丰收。

（4）油菜（豌豆或大麦）→花生→冬小麦-夏甘薯（夏玉米）。在无霜期较长的地区，收获秋季作物后播种油菜（或第二年早春顶凌播种豌豆或大麦），收获油菜（豌豆或大麦）后整地播种花生，收获花生后秋季播种冬小麦，隔年收获小麦后播种夏甘薯（夏玉米）。两年四作，多种作物轮作，能够很好地利用土地和自然资源，兼顾"粮、油、经"全面发展，取得更高的经济效益。

注：→表示前后作，-表示隔年。

33 花生需肥有哪些特点？

花生出苗前所需的营养物质主要由种子本身供给，幼苗期由根系吸收一定量的氮、磷、钾等营养物质满足各个器官的需要。这个时期氮素、钾素集中在叶片，磷素集中在茎部。开花下针期，花生植株生长迅速，营养生长和生殖生长同时进行，氮素仍然集中在叶片上，而钾素从叶片转移到了茎部，磷素则由茎部转向果针和荚果。这一时期是需肥量最大的时期。

结荚期是营养生长的高峰期，也是重点转向生殖生长的时期。这时氮素、磷素集中在幼果和荚果，钾素仍然集中在茎部。这一时期是对钙吸收量最大的时期。

饱果成熟期的根、茎、叶基本停止生长，吸收的各种营养逐步转移到荚果中去，促进荚果的成熟饱满。这时氮素、磷素集中在荚果，钾素仍然集中在茎部。

34 花生空壳是怎样引起的?

花生的根系对钙的吸收能力较低，荚果所需要的钙，有90％通过从果针和幼果自身吸收来满足。从果针入土到荚果形成的 70 多天，即使根系所处的下层土壤不缺钙，根系所吸收的钙也难以运输到荚果中，而是由果壳直接吸收。若结果土层中的钙供应不足，就会直接影响荚果的形成。缺钙轻者，会出现空壳荚果，果仁率下降而减产；缺钙严重者，空壳率大幅上升，造成严重减产。近几年，花生空壳现象越来越严重。花生空壳的原因主要有以下几个方面：一是多年来化肥的使用量越来越大，尤其是酸性化肥，破坏了土壤结构，打破了基本的酸碱平衡，造成土壤酸化越来越严重，个别地块的 pH 在 3 左右。二是土壤中钙严重缺乏，只注重施用氮、磷、钾复合肥，不注重施用钙肥。同时，土壤酸化影响到钙元素的吸收，不能满足花生对钙的需求。三是花生田持续干旱，造成籽仁与海绵体脱离，断开了籽仁发育的养分通道，逐渐萎缩后形成空壳。四是连年重茬种植，导致土壤缺钙较重，连作年限越长的土壤缺钙就越严重。缺钙致使花生空壳，空壳的花生荚果发育不良，果壳软，收获时的颜色是浅褐色，晒干后呈深褐色。

35 怎样解决花生空壳问题?

针对花生空壳的原因,生产中应采取适当的措施来解决。一是在施用氮、磷、钾复合肥的同时,增施钙肥,如过磷酸钙、钙镁磷肥。二是田间撒施生石灰,每年在耙地以前每亩增施 20 千克生石灰,连续施用 2~3 年,施用后检测土壤的 pH,视情况增减生石灰的数量。三是遇旱浇水,尤其在关键时期。影响荚果、籽仁发育尤其是籽仁发育的关键时期是饱果成熟期,这个时期干旱极易导致空壳。在收获前 30 天左右干旱,要适当补水。补水时间在 8:00 以前或 16:00 以后,最好是晚上。补水量不能过大,用滴灌或微喷灌的方式进行。四是深耕,深耕能够打破犁底层,补充耕作层的营养元素,尤其是钙,减轻花生空壳现象。

36 盐碱地可以种花生吗?

我国有盐碱地 14 亿亩之多,是我国花生、粮食生产的潜在资源。经过多年的研究,初步得出结论,花生抗逆性较强,除具有抗旱、耐瘠薄的特性外,还具有较强的耐盐碱性,可耐受的盐浓度为 0.35%~0.45%,盐碱地上可以种花生。适合盐碱地种植的花生品种主要有花育 25、花育 36、花育 60、青花 7 号等。

(1) 花育 36。山东省花生研究所育成的耐盐碱花生新品种。2011 年通过山东省农作物品种审定委员会审定,2013 年通过全国农作物品种审定委员会审定。

特征特性:该品种属早熟直立大花生,生育期 127 天左右。荚果近普通形,网纹深,种仁近椭圆形,种皮粉红色,内种皮白色,无油斑,有少量裂纹。千克果数 517 个,千克仁数 1 145

个，百果重 269.56 克，百仁重 106.40 克，出仁率 72.54％。花
生籽仁脂肪含量 51.14％，蛋白质含量 26.08％，油酸/亚油酸比
值（O/L）1.19。

产量表现：2008—2009 年山东省区试，荚果增产 8.05％、
籽仁增产 10.00％；2010 年生产试验，荚果增产 8.5％、籽仁
增产 9.0％。2015 年在山东省聊城市高唐县盐碱地春播起垄亩
产达 458.4 千克。

（2）花育 60。山东省花生研究所育成的大花生新品种。
2020 年通过国家非主要农作物品种登记。

特征特性：生育期 125 天。百果重 263 克，百仁重 106
克。花生籽仁粗脂肪含量 53.78％，粗蛋白含量 23.61％，
油酸含量 45.3％，亚油酸含量 32.1％，油酸/亚油酸比值
（O/L）1.41。抗旱性强，抗涝性强，抗倒伏性中，中抗叶
斑病。

产量表现：平均亩产荚果 354.93 千克、籽仁 247.71 千
克，分别比对照花育 33 增产 1.96％和 1.46％。

（3）青花 7 号。青岛农业大学选育而成。2010 年 4 月通
过山东省农作物品种审定委员会审定。

特征特性：该品种属普通型直立疏枝大花生，春播生育期
130 天左右。荚果普通形，果型较大。百果重 290 克，百仁重
110 克，出仁率 72.8％。抗旱耐涝，抗倒伏性强，适应性广，
高抗病毒病和早期叶斑病，叶片功能期长。花生籽仁蛋白质含
量 20.4％，脂肪含量 46.8％，油酸含量 41.2％，亚油酸含量
35.0％，油酸/亚油酸比值（O/L）1.18。

产量表现：山东省两年区试中平均亩产荚果 332.95 千克、
籽仁 238.46 千克，分别比对照丰花 1 号增产 4.64％
和 7.84％。

37 氮素对花生生长有哪些作用及缺氮有哪些表现症状?

氮是花生体内许多重要有机化合物的组成成分,对花生的生命活动有重大作用,直接或间接地影响花生的代谢和生长发育。氮是蛋白质和核酸的组成元素。在花生蛋白质中,氮的含量为18.3%,而蛋白质和核酸又是原生质的基本成分。氮是叶绿素的组成元素,在植物光合作用中起主要作用。氮是许多酶的组成元素,酶在花生体内对各种代谢过程具有调节和催化作用。氮也是一些维生素和生物碱的组成元素。

氮素供应适宜时,蛋白质合成量大,细胞的分裂和增长加快,花生生长茂盛,叶面积增长快,叶色深绿,光合强度高,荚果沉实饱满。氮素不足时,蛋白质、核酸、叶绿素的合成受阻,花生植株矮小,叶片黄瘦,分枝少,光合强度降低,产量降低。氮素过多,尤其是磷、钾配合不当时,会造成植株营养失调,营养体过旺徒长,生殖体发育不良,叶片肥大浓绿,植株体内的碳水化合物过多地消耗在蛋白质合成上,用于加固细胞壁的部分减少,组织柔软,植株贪青晚熟或倒伏,结果少,荚果秕。

38 磷素对花生生长有哪些作用及缺磷有哪些表现症状?

磷素通常以磷酸态被花生吸收,部分磷素以无机态存在于茎叶等器官中,是遗传物质的必需成分,参与植物体内的碳、氮代谢过程,对光合作用的进行、蛋白质的形成和油分转化起着重要作用。磷充足时,可促进花生根系发育,提高花生对不良环境的抗逆能力。一是提高花生的抗旱耐涝能力。磷促进根系发育,干旱时庞大的根系深入深层土壤中吸收水分,增强抗旱能力。二是能增强花生的抗寒能力。磷能促进碳水化合物的代谢,增加花生植株内可溶性糖的含量,使细胞中原生质的冰点下降，增加抗寒能力。三是能提高花生抗盐、抗酸能力。磷肥本身就是酸、碱土壤的改良剂。磷酸盐使花生体内细胞具有缓冲作用，使 pH 保持在比较稳定的状态。磷能提高根瘤菌的固氮能力，进而培肥地力。

花生植株中磷含量的临界值为 0.2%，如低于该值，缺磷症状明显：植株生长缓慢、矮小，分枝和根系发育不良，次生根很少，叶色暗绿无光泽。由于花青素的积累，下部叶片和茎基部常呈红色或有红线。花生苗期，在天气寒冷的情况下，往往出现严重缺磷症状，但当天气转暖、根系扩展后，缺磷症状一般消失。

39　钾素对花生生长有哪些作用？

钾有高速通过生物膜的特性，能与多种酶进行活化，所以会广泛地影响花生的生长与代谢。钾能提高花生叶片光合强度，加速光合产物的运转，并能抑制茎叶徒长。钾供应充足时，植株生长快，酶的活性强，从而提高了光合强度，尤其是弱光下的光合强度。钾还能促进氮素吸收和根瘤固氮作用，提高抗旱和抗寒能力。钾还能平衡氮、磷营养，消除部分因氮、磷施用过多而造成的不良影响。

40　花生缺钾有哪些表现症状？

花生缺钾会影响光合作用及光合产物的运输与转化，因而直接影响花生仁中脂肪的形成。花生缺钾的症状表现为叶片浓绿，由老叶开始在小叶的边缘或叶尖出现黄斑，严重缺钾时叶色甚至变褐；叶片生长不匀称，常出现卷曲或波纹，影响光合作用与物质运转。因此，在缺钾土壤里种花生，特别要注意增施钾肥，即使在钾素含量较高的土壤，适当施钾也能提高花生的产量和品质。

41 钙素对花生生长有哪些作用?

花生属于喜钙的豆科作物,其对钙吸收量高于磷而接近钾,与同等产量水平的其他作物相比,约为水稻的 5 倍、小麦的 7 倍。钙元素能够促进花生体内蛋白质和酰胺的合成,减少空果率,增加荚果饱满度。花生根系吸收的钙主要保存在茎叶中,荚果发育需要的钙素主要依靠果针、幼果和荚果从土壤中直接吸收。因此,钙肥可作为基肥施用,施于结实层则更有利于荚果发育。

42 花生缺钙有哪些表现症状?

花生缺钙,植株生长缓慢,根细苗弱,老叶的边缘及叶面会出现不规则的白色小斑点,叶柄变弱,新生叶片小,单仁果、秕果和空果明显增多,影响花生产量。石灰和石膏都可作基肥与追肥。酸性土壤一般每亩用石灰 50 千克左右,结合耕地撒施作基肥;作追肥时,可在初花期结合中耕培土浅施于花生结荚区内。在微酸性土壤施用石灰,应 2～3 年轮施 1 次,不可年年施用,以防土壤板结。石膏一般在偏碱性土壤中施用,在盐碱土中还有调节酸碱度、减轻盐碱对花生根系毒害的作用;在中性和微酸性土壤上也可施用石膏,一般每亩施 5.0～7.5 千克。

43 铁素对花生生长有哪些作用及缺铁有哪些表现症状?

铁是叶绿素合成所必需的元素。铁虽不是构成叶绿素的成分,但叶绿素需要含铁的酶进行催化才能合成。铁通过化合价的变化参与花生细胞内的氧化还原反应和电子传递,铁与有机物螯合生成的细胞色素、铁氧化还原蛋白和豆血红蛋白等，对花生植株体内硝酸还原和根瘤菌的固氮都很重要。铁还是一些与呼吸作用有关的酶的成分。

花生缺铁时，首先表现为上部嫩叶失绿，而下部老叶及叶脉仍保持绿色；严重缺铁时，叶脉失绿进而黄化，上部新叶全部变白，久而久之叶片出现褐斑并坏死，后干枯脱落。与花生缺氮、缺锌等引起的失绿比较，花生缺铁症状的特点突出表现在叶片大小无明显改变，失绿黄化明显；缺氮引起的失绿常使叶片变薄变小，植株矮小；缺锌使叶片小而簇生，出现黄白小叶症。鉴定植株是否为缺铁黄化症，可用 0.1％的硫酸亚铁溶液涂于叶片背面失绿处，若经 5～8 天转绿，可确认为缺铁黄化症。

44 硫素对花生生长有哪些作用及缺硫有哪些表现症状？

硫是蛋白质合成所必需的元素。尽管只有半胱氨酸、胱氨酸、蛋氨酸 3 种氨基酸含硫，但花生体内的许多蛋白质都含有硫。花生合成蛋白质每同化 15 份氮，就需要 1 份硫。硫与花生生长有密切的关系。

缺硫时，形成层的作用减弱，不能进行正常生长。硫是许多酶不可缺少的成分。硫对叶绿素的形成有重要影响。虽然硫不是叶绿素的组成成分，但叶绿素的形成少不了硫。缺硫时，叶绿素含量降低，叶色变黄，严重时变黄白，叶片寿命缩短。硫还能促进根瘤形成，增强子房柄的耐腐烂能力，使花生不易落果和烂果。花生缺硫与缺氮难以明显区别，不同的是，缺硫症状首先表现在顶端叶片。

45 硼素对花生生长有哪些作用及缺硼有哪些表现症状？

硼有增强输导组织的作用。硼能提高花生根瘤菌的固氮能力和提高花生的抗旱性。在花生生殖体内，含硼量最多的部位是花，尤其是柱头和子房。硼能刺激花生花粉萌发和花粉管的伸长，有利于受精。

缺硼会影响荚果和籽仁的形成。缺硼时，花生结果受到严重抑制，会出现大量子叶内面凹陷的"空心"籽仁；花生展开的心叶叶脉颜色浅，叶尖发黄，老叶色暗，分枝多，呈丛生状；植株矮小瘦弱，开花很少，甚至无花，最后生长点停止生长，以至枯死；根容易老化，侧根很少，根尖端有黑点，易坏死。

46 对产量影响比较大的中微量元素有哪些？

对产量影响比较大的中微量元素见表1。

表1 对产量影响比较大的中微量元素

元素	缺素表现症状	减产幅度（%）
铁	叶片发黄、失绿；退绿；烂果	10
硼	开花量少；受精率低；坐果率低；单粒果增加	30
钙	开花多，下针少；叶片顶端卷曲；根系发育不良；空秕果增多	30
锌	小叶、花叶；植株矮小；死苗烂根；病毒病加重；荚果变小	10
钾	植株矮小，叶片枯萎、早衰；荚果脱落	10
铜	霉粒加重；茎腐病加重	10

47 如何计算花生的需肥量？

以土壤养分测定值来计算土壤供肥量，再按下列公式计算肥料需要量。

肥料需要量＝

$$\frac{（作物单位产量养分吸收量×目标产量）－（土壤测定值×0.15×校正系数）}{肥料中养分含量（\%）×肥料当季利用率（\%）}$$

式中，作物单位产量养分吸收量×目标产量＝作物吸收养分量；土壤测定值×0.15×校正系数＝土壤供肥量；土壤养分测定值以 10^{-6} 表示；0.15 是土壤耕作层养分测定值换算成每亩土壤养分含量的系数，即一般把 0～20 厘米厚的土壤看作植物营养层，该层每亩土壤重 15 万千克，换算成每亩土地耕层土壤养分含量的计算方法是 150 000（千克）× 10^{-6} ＝0.15 千克。

例如，花生田的目标产量为 300 千克/亩，测定土壤有效氮含量为 $6×10^{-5}$ 毫克/千克、有效磷为 $3×10^{-5}$ 毫克/千克、有效钾为 $9×10^{-5}$ 毫克/千克，求需肥量。

需肥量为：

花生吸收养分（氮）量＝0.05（每千克花生需氮量）×300＝15 千克

土壤供肥量＝60×0.15×0.55（校正系数）＝4.95 千克

代入公式，并折成尿素为：

（15－4.95）/（0.46×0.5）＝10.05/0.23≈43.70 千克

由于花生的氮素 60% 来自根瘤菌固氮，实际施氮肥量按计算数的 40% 即可，即每亩施用尿素 43.70×0.4＝17.48 千克。

同理可求出所需磷、钾的肥量。

48　花生施肥原则是什么？

（1）以农家肥为主、化肥为辅。在我国，花生大部分种植在丘陵地区，土层薄，肥力低，农家肥主要是有机肥，含有丰富的营养成分，能够改良土壤，培肥地力，并且肥效较长。化肥是速效肥，虽然也含有花生需要的营养元素，但与农家肥相比，还是单一的。并且，化肥在生产过程中，残留其他成分，不利于花生的生长和土壤肥力的提高。因此，施肥时以农家肥为主，辅以施用化肥。

（2）有机肥和无机肥配合施。单一施用化肥，往往造成肥料的流失。同时，化肥中有效磷营养元素容易被土壤固定，从而降低肥效，发挥不出应有的作用，与有机肥配合施以后，二者之间相互作用，提高土壤中微生物的活化力和有机肥的分解速度，将各种营养成分转化使其能够被花生吸收，提高肥料的利用效率。

（3）氮钾全量、磷加倍。根据不同产量水平氮、磷、钾养分的需求量，每生产 50 千克花生荚果，需要氮（N）2.5 千克、磷（P_2O_5）1 千克、钾（K_2O）1.25 千克，磷（P_2O_5）加倍2 千克，三者的比例为 5∶4∶2.5。花生对氮、磷、钾化肥的当季利用率分别为 41.8%～50.4%、15%～25%、45%～60%。

49 花生有几种施肥方法？

花生的施肥方法主要有：

（1）基肥：基肥的施用是结合耕地进行的，在耕地前，将要施用的有机肥和化肥，按照有机肥的全部、化肥总量的 2/3，均匀地撒在地表。

（2）种肥：在花生播种时施用，一般为化肥总量的 1/3。施种肥时要注意花生种子不能与化肥接触。人工起垄的要将化肥掩上，在另外的地方开沟播种；机械播种的，要将化肥拌匀，不要有化肥坷垃，随时检查化肥的排肥速度和排肥量，避免集中排肥。

（3）追肥：花生一般不需要追肥，是否追肥主要根据田间的花生长势确定，追肥时间一般在开花下针期、结荚期和饱果成熟期，追肥的种类以磷、钾肥或微量元素肥料为主，追肥方式主要是叶面喷施。

50　花生田怎样做到经济配方施肥？

花生的施肥量是根据土壤的肥力条件和产量水平决定的。

（1）高肥水地块：根据花生亩产 500 千克荚果对氮、磷、钾主要营养元素吸收量和肥料的吸收利用率，土壤中的氮素营养丰富，采用氮减半、磷加倍、钾全量的施肥比例。即每亩实际施氮 13.5 千克、磷（P_2O_5）11 千克、钾（K_2O）16 千克，折合成优质圈肥 5 000 千克、尿素 13 千克或碳酸氢铵 35 千克、过磷酸钙 72 千克、硫酸钾 22 千克或氯化钾 18 千克或草木灰 138 千克。

（2）中等肥力田块：要实现花生亩产 500 千克的目标，采用氮钾全量、磷加倍的施肥比例。即每亩实际施用氮 54 千克，折合成优质圈肥 10 000 千克、尿素 26 千克或碳酸氢铵 70 千克，其他的施肥量相同。在黄泛区和低洼区，砂姜黑土（酸性土壤）要增施石膏或磷石膏 30 千克左右，主要是增加钙素。

51　有机肥对花生生长发育有什么好处？

（1）有机肥含有氮、磷、钾等多种营养元素，是一种养分全面的完全肥料。有机肥肥效高、肥效长、肥效稳，可以源源不断地供给花生生长所需的营养。

（2）有机肥是由动物、植物生命活动中所产生的排泄物和残体组成的，这些物质在发酵分解中产生热量，提高了地温，促进了微生物和根瘤菌的活动，加快了土壤熟化，有利于根系和根瘤菌的生长。

（3）长期施用有机肥，可以改良土壤理化性质，调节土壤酸碱度，提高土壤蓄水保墒保肥能力。

（4）有机质通过微生物分解：一方面，合成腐殖质，分解产生氮、磷、钾等元素；另一方面，产生二氧化碳，增加碳素营养。碳素不仅可供根系直接吸收利用，而且有助于矿物质肥料的分解转化。

（5）有机肥和化肥混合施用，可以充分发挥化肥的作用。如过磷酸钙中的磷素容易被土壤中的铁、铝氧化物固定，采用圈肥与过磷酸钙混合堆沤 15～20 天的方法，可以使磷素在有机肥的作用下释放出来，圈肥中易散失的氮、磷变成氮磷化合物，起到促磷保氮的作用。有机肥和化肥混合施用也可以防止和克服因单一施用化肥而产生的"化肥病"，如土壤板结、茎叶徒长等。

52 花生根瘤菌是怎样形成的？

花生与其他豆科作物一样，根上长有瘤状结构，称为根瘤。根瘤的形成是由于土壤中的根瘤菌侵入根部组织所致。根瘤菌自根毛侵入，存在于根皮层的薄壁细胞中。根瘤菌在皮层细胞中迅速分裂繁殖，同时皮层细胞因根瘤菌侵入的刺激，进行细胞分裂，这一区域内的皮层细胞数目增加，体积膨大，形成瘤状凸起，即根瘤。花生根瘤菌属于豇豆族根瘤菌，除花生外，还可与豇豆、绿豆、小豆等豆科作物共生。花生根瘤为圆形，直径一般 1～5 毫米，多数着生在主根的上部和靠近主根的侧根上，在胚轴上也能形成根瘤。根瘤的大小、着生部位、内部颜色等都与固氮能力有关，主根上部和靠近主根的侧根上的根瘤较大，固氮能力较强。

53　花生根瘤菌的作用有多大?

随着花生植株的生长，根瘤菌的固氮能力逐渐增强，至始花期后已能够为花生提供更多的营养元素。结荚初期，根瘤菌的固氮能力最强，是为花生提供氮最多的时期。据测定，花生有 50%～80% 的氮素是由根瘤菌供给的。花生收获期根瘤破裂，根瘤菌重新回到土壤中。这时根瘤菌遗留在土壤中的氮每亩为 1.1～3.5 千克，相当于硫铵等标准氮肥 5.0～17.5 千克。

54　怎样增加花生根瘤菌?

由于花生田肥料施用单一，大量施用化肥，几乎不施用农家肥，造成花生根瘤菌急剧减少，甚至没有。而花生根瘤菌固氮，不便追肥，需要追肥也要以追施叶面肥为主，可以通过增加花生根瘤菌的数量来实现追肥的目的。增加花生根瘤菌的方法主要如下：一是增施农家肥（土杂肥），改善土壤的团粒结构和菌落结构，产生更多的根瘤菌。二是增施钼肥，花生本身对钼肥的需求不多，主要是花生的根瘤生长对钼需要多，钼能促进花生根瘤的固氮作用和增进叶片光合作用。缺钼时根瘤发育不良，植株生长发育缓慢，根瘤小而少，固氮能力减弱。缺钼的临界值为 0.15 毫克/千克。

55　水分对花生有多大影响?

花生的耗水量远小于玉米、小麦、棉花等作物，因此花生同高粱和谷子一样被称为"作物界的骆驼"，是耐旱性较强的作物。其耐旱性主要表现在 4 个方面：一是花生的根系发达，吸水能力比较强；二是干旱时花生叶片的气孔并不完全关闭，即使在叶片已经萎蔫时，仍保持一定的光合能力；三是花生具有较强的恢复能力，在干旱时，花生的生长虽然受阻，水分供应一旦恢复正常，其生长可以很快恢复甚至超过原来的水平；四是花生在前一期经过适度的干旱后，在下一期再遇干旱时，表现出明显的干旱适应能力，抗旱性进一步增强。

花生一生中的需水量分布：前期（苗期）占总需水量的20%，中期（开花下针期与结荚期）占60%，后期（饱果成熟期）占20%。

据研究，花生每生产1千克干物质，需耗水450千克左右（包括叶片蒸腾和地面蒸发2个部分）。据此测算，亩产300千克花生荚果，需水量约计270米^3。但花生耗水量的大小与田间群体大小、品种类型、当地太阳辐射能总量、气温、相对湿度、风速、土壤质地及栽培措施等都有密切关系。据测定结果：北方春播普通型晚熟大花生亩产量为150～175千克时，全生育期耗水量为210～230米^3；当亩产量增加至250千克以上时，耗水量约290米^3。珍珠豆型早熟小花生生育期短，单位面积耗水量一般比较少，当亩产量200千克时，全生育期耗水量为120～170米^3。而现在我国广泛种植的中熟大花生，其耗水量则介于普通型晚熟大花生和珍珠豆型早熟小花生之间，亩产250千克时的耗水量为230～250米^3。

56 花生重茬为什么减产？

花生田重茬会导致田间出现以下问题：一是养分失调。花生对土壤中营养元素的吸收，有一定的选择性，在同一块地上连续种植，花生喜好的这些养分必定不足，势必使某些营养元素缺乏，使花生不能正常生长发育，影响花生产量。二是自体中毒，小环境恶化。花生根系排泄的有害物质，如有机酸，以及未清除的残根等，土壤自身无法分解，会因连作而积累于土壤中，引起自体中毒，导致花生生育不良。三是菌群失调，病原菌增多。花生容易感染的病原菌和害虫（尤其是线虫）残留在土壤中，因连作而积累，导致病害加重。

花生重茬减产严重，重茬 1 年减产 20％左右，2 年减产 30％以上，连作的年限越长，减产幅度越大。

57　怎样解决花生重茬？

解决重茬最好、最有效的方法就是轮作换茬。除此之外，还应做到：一是平衡施肥，包括氮、磷、钾平衡，大量元素和中微量元素平衡。二是调理土壤，调整土壤酸碱值，将酸化、板结、老化的土壤改善成疏松土壤。三是增施生物菌肥，这是很关键的一项措施。四是深耕，耕深在 40 厘米以上。五是更换品种。六是增施有机肥。

58　怎样提高土壤肥力？

自分田到户以来，生产中化肥的施用量不断增加，有机肥的施用量逐年减少，目前农家堆肥式的有机肥几乎没有了，使用的有机肥基本是商品有机肥。商品有机肥种类复杂，很多有机肥名不副实，起不到有机肥的效果，土壤肥力逐年下降，盐碱化、酸化等问题严重，农产品的品质受到严重影响。因此，国家提出要改善土壤环境，提高土壤肥力，修复土壤，"藏粮于地、藏粮于技"。提高花生田肥力的技术措施有以下几种。

一是增施有机肥。有机肥种类多、肥源广、易于积制、成本低、施用简单，是发展优质、高效、低耗农业的一项重要技术。充分腐熟的农家肥养分含量比较全面，肥效持久而稳定。有机肥必须完全腐熟，否则会引起副作用，如牛粪没有腐熟好会导致花生烂果，鸡粪没有腐熟好会造成土壤重金属超标和抗生素超标等问题。

二是增施菌肥。菌肥的作用主要体现在以下几个方面：①促进作物快速生长。菌群中的有益微生物在代谢过程中产生大量的植物内源酶，可明显提高作物对氮、磷、钾等营养元素的吸收率。②调节作物生命活动，增产增收。有益菌可促进作物根系生长、须根增多，促进叶片光合作用，调节营养元素向果实流动，膨果增产效果明显。③提高作物品质。侧孢芽孢杆菌、枯草芽孢杆菌、凝结芽孢杆菌等菌群可降低植物体内硝酸盐含量，提高维生素 C、氨基酸、B 族维生素和不饱和脂肪酸等的含量。④分解有机物质和毒素，减轻重茬的负面影响。菌群中有益微生物能加速有机物质的分解，为作物制造速效养分提供动力，能分解连作产生的有毒有害物质，减轻重茬的负面影响。⑤形成根际环境保护屏障。菌群中有益微生物施入土壤后，迅速繁殖成为优势菌群，控制根际营养和资源，使植物根系细胞的细胞壁增厚、纤维化、木质化，并生成角质双硅层，形成阻止病原菌侵袭的坚固屏障。⑥增强作物抗逆性。菌群中的有益微生物可增强土壤缓冲能力，保水保湿，增强作物抗旱、抗寒、抗涝能力；同时，侧孢芽孢杆菌可强化叶片保护膜，抵抗病原菌侵染，抗病，抗虫。

三是秸秆还田。秸秆还田后快速腐熟，使秸秆中所含的有机质及磷、钾等元素能为植物生长提供营养，并产生大量有益微生物，提高土壤有机质，减少化肥使用量，增强植物抗逆性，改善作物品质。注意秸秆还田前应每亩增施 10 千克尿素，补足秸秆还田对土壤中的氮素消耗，提高土壤中的碳氮比，避免对下茬作物苗期的发育造成影响。

四是合理轮作。不同作物之间进行合理轮作，通过植物对土壤营养成分的自身调节，改善土壤肥力。

59　腐殖酸肥料的特点、作用有哪些?

腐殖酸是土壤本源物质、有机质的核心组分、土壤的"生命核",对维持土壤结构、提高土壤离子交换能力、调节土壤酸碱度、活化土壤储藏矿质养分、活跃土壤微生物等具有重要作用。

矿源腐殖酸是指以褐煤、风化煤、泥炭等天然矿源为原料,经过特殊工艺活化萃取而获得的高活性腐殖酸产品,其生物活性急剧增加超过 100 倍。矿源腐殖酸被誉为"5 000 万年前的古老堆肥"。矿源腐殖酸具有生物超分子自组装结构,腐殖酸各组分之间交互作用的环境条件能够影响自组装结构。就像哪吒的"三头六臂",腐殖酸各组分的交互作用和无穷变化,才让腐殖酸具有强大、神奇的功能。因此,不同的产地、矿源、工艺和使用方法,都影响着腐殖酸超分子自组装结构,从而决定着产品的特性,直接影响到农业应用效果。

腐殖酸肥料具有五大功能:一是改良土壤。二是提高肥料利用率,增加肥效。三是促进作物尤其是根系发育。四是提高作物抗旱、抗寒、抗病等抗逆性。五是激发作物对养分吸收、运输和营养合成的潜能。

腐殖酸肥料用途主要有:一是灌根(滴灌、冲施),促进根系发育。二是叶面喷施,增加营养,提高抗性。三是拌种,提高抗逆性和壮苗。四是作基肥,追肥松土,养菌,增加肥力。

60　地膜覆盖栽培花生为什么能增产?

地膜覆盖栽培春花生可提早种植,延长生长期,提高产量,一般增产幅度为 10%~20%。实践证明,它还具有五大优点:一是增温保温,地膜覆盖栽培春花生,可使整个生育期积温显著提高，促使早出苗。二是保湿作用明显，地膜覆盖能减少土壤水分蒸发，由于毛细管作用，地下深层水分被提到耕作层供花生吸收利用，对保湿防旱，促进全苗、壮苗作用十分显著。三是可改良土壤物理性状，防止土壤板结。四是可促进土壤微生物活动，有利于根瘤菌生长和活动，为开花、结果提供更多的养分。五是可大大减少病虫害和杂草的生长。

61 地膜覆盖栽培花生应注意哪几个问题？

地膜覆盖栽培花生有普遍的增产作用。生产中要注意以下几个问题：一是选择肥力较高的土壤覆膜。不同的土壤条件产量差异较大，一般应选择中等以上肥力的土壤，尤其是肥力较高的土壤覆膜，增产效果明显。二是要求地面平整。耕地后要精细耙耢、打碎坷垃、整平地面。地面不平，地膜难与地面贴紧，透风跑墒，影响地膜覆盖效果。三是覆膜前施足基肥。盖膜后，土壤在高温高湿的条件下，肥料分解快，利用率高，盖膜后因无法进行追肥，因此与一般的花生田相比，盖膜前应增施1000千克的有机肥，并配合施用一定量的速效性肥料。

62 地膜覆盖栽培花生有几种播种方式？

地膜覆膜栽培花生的播种方式有两种：先播种后覆膜、先覆膜后播种。

先播种后覆膜的操作方法：首先在起好的垄上开沟，沟深3～4厘米，将处理好的种子每穴放2粒，覆土整好垄面，然后向垄面喷芽前除草剂，应用浓度为每亩150毫升，兑50千克水，喷头距离垄面40厘米左右，以垄面见湿为止，随即盖膜。地膜要铺平拉直，在垄的两边，两个人一边后退着，一边用脚踩着地膜，使地膜能够左右紧贴垄面，用小钩镶钩土，压在踩下的地膜上。盖膜结束后，顺着垄沟将压在地膜边上的土踩一遍，达到拉紧、压实、盖严的目的，使其不透风、不透水、不透气、保墒、保水、保温。

先覆膜后播种的操作方法：按照要求覆完地膜后，根据花生的播种密度确定株距和行距，用打孔器在垄面上打直径3厘米、深4厘米的洞。如果干旱，用水壶浇水，将花生种放入，从垄沟取土填满压实，在孔的上方形成一个土堆。

63 降解膜的特点及优势表现在哪些方面？

降解膜主要有生物降解膜、光降解膜、光-生物降解膜、植物纤维地膜、液态喷洒地膜。国内研究较多的是生物降解膜、光降解膜、光-生物降解膜。

降解膜突出优势表现在：一是在春花生地膜覆盖中，具有保温、保湿、保肥、保持土壤疏松、除草等作用，促进花生根、叶、花、果的生长发育，有利于干物质积累与合理分配，加快生育进程，减少生育期内的不利因素。二是降解膜覆盖70天开始降解，不需要回收，能够减少在土壤中的残留。

降解膜由于自然条件不同，产品降解情况出现差异属正常现象。应在清洁、阴凉、通风及避光的库房内常温储存。

64 什么是花生"AnM"栽培法？

该方法种植花生，出苗齐、生长壮，第一对侧枝发育快，下针集中，结果整齐，成熟一致，产量高。花生播种后，在播种穴上方尖形覆土，出苗前适期撒土的操作过程，恰似一个"A"字，也称作"A环节"，其作用是控制早期花下针。田间初见花期，紧贴花生苗子叶节处，将垄旁土拉锄到垄沟内，使花生垄形成窄埂，似"n"状，也称作"n环节"，其作用是降低大气湿度，延缓下针，增强光合产物向果针分配，为果多、果齐打下基础。在饱果成熟期，趁墒扶垄，带起的土壤自然堆向花生垄，形成垄胖坡陡顶凹形，似"M"状，也称作"M环节"，其作用是增加垄的高度和宽厚度，有利于抗旱抗涝和荚果发育，促进光合产物更多地向荚果积累，使果大果饱。

65 如何进行小麦、夏花生双高产栽培？

（1）深耕增肥：在秋耕种麦前，将翌年夏花生的肥料全部施在当茬小麦上，即每亩铺施圈肥4 000～5 000千克、标准过磷酸钙50.0～83.2千克、草木灰250～267千克。深耕以25～30厘米为准，耙平耢细，按畦田小麦常规高产田的要求播种小麦，翌春小麦起身拔节期，再追施碳酸氢铵34～38千克。

（2）良种搭配，瞻前顾后：在良种搭配上要有利于衔接茬口，发挥前后茬的更大增产潜力。小麦良种要搭配早熟或早熟偏晚的高产品种。花生良种要搭配早熟品种。

（3）早字当头，抓住农时：在无霜期短、两茬不足一茬有余的地区，要获取小麦、夏花生两茬双高产，必须早播种，最大限度地使两茬作物充分利用热量资源。夏花生生育期确保115～120天。

（4）依靠群体，以密取胜：夏直播花生植株个体较小，为获取群体高产，应以密取胜。每亩种12 500～50 000穴，每穴2粒。

（5）覆膜播种，增温壮苗：为防止开膜孔闪苗，要采取先覆膜后打孔的播种方法。麦收后及时整地，不露麦茬。覆膜时，要做到畦面平，除草剂不漏喷，膜与畦面要贴紧，膜两边要压实。然后，按密度要求在覆好膜的畦面上打孔播种。播后及时覆土压实，再在膜孔上盖土3～4厘米，堆成小土墩，以利于避光引苗出土。

（6）加强管理，促控结合：一是前期促早发。花生出苗后，及时清除压埋播孔的土墩，抠出膜下侧枝。始花后如遇伏旱，轻浇润灌初花水，促进前期有效花大量开放。二是中期保稳长。及时防治叶斑病和棉铃虫、蛴螬、金针虫危害，如植株生长过旺，叶面喷施调节剂，抑制营养生长过旺，促进营养体光合产物的转移，增加荚果饱满度。三是后期防早衰。结荚后期及时向叶面喷施尿素和过磷酸钙水溶液 1～2 次，延长顶叶功能期，提高饱果率。饱果成熟期如遇秋旱，及时轻浇润灌饱果水，增加荚果饱满度。

66 如何进行大蒜（或马铃薯）、夏花生一膜两用高产栽培？

近年来，随着种植业结构的调整，我国覆膜大蒜（或马铃薯）栽培发展较快，影响了花生的种植面积。据试验，冬蒜（或马铃薯）覆膜积温比露栽增加 1 000 ℃。冬蒜成熟期在 5 月上旬，比冬小麦提前 25～30 天。一般每亩可产干蒜头 1 250～1 500 千克、蒜薹 300～400 千克，每亩产值 6 000～6 800 元。大蒜（或马铃薯）收获后种覆膜夏花生非常适宜，花生荚果产量可达每亩 400～500 千克，比麦田露栽夏花生增产 50％～60％，比冬蒜（或马铃薯）收获后露栽夏花生增产 30％～40％。

67 如何进行花生、大白菜两作配套高产栽培？

由于花生根瘤菌能够固定大气中的氮、培肥地力，有利于用地养地，促进蔬菜增产。花生、大白菜配套栽培，能够减轻病害，尤其是大白菜霜霉病、软腐病发病率明显降低。主要栽培技术如下。

（1）选用适宜配套的良种。花生应选用早熟品种，如花育

19、花育 24、花育 25、山花 7 号、丰花 5 号、潍花 6 号等。大白菜选用 114、青杂 4 号等。

（2）适时播种，两者兼顾。花生必须适时早播，在 4 月下旬完成。大白菜 8 月上旬育苗，下旬移栽。

（3）合理密植，保证密度。合理密植能充分利用空间、地力，有利于通风透光，提高光合利用率。地膜花生以每亩 7 500～8 000 穴、每穴 2 粒为宜。大白菜以每亩 2 300～2 600 棵为宜。

（4）施足基肥，确保高产。花生播种前应施足基肥，以有机肥为主，氮、磷、钾配合施用，既满足花生需要，又为大白菜丰收打下基础。每亩应施有机肥 2 500～5 000 千克、尿素 20 千克、过磷酸钙 40～50 千克、硫酸钾 10 千克。

（5）追好大白菜莲座肥，促进包心。莲座期是大白菜一生需肥水最关键的时期，占一生需要量的 70% 左右。此时每亩追施 10.0～12.5 千克尿素，能促进生长，加速包心，提高大白菜产量。

68　如何进行花生间作西瓜栽培？

（1）间作规格。6 行花生间作 2 行西瓜。花生占地宽 2.6 米，平均行距 44 厘米，穴距 18 厘米，每亩种植 5 471 穴。西瓜占地宽 1.4 米，2 行西瓜间作小行距 70 厘米，大行距 3.3 米，平均行距 2.0 米，株距 40 厘米，每亩栽植 800 株。

（2）耕地施肥。选择中等以上肥力的沙壤土，在冬前深耕的基础上，早春结合耕地每亩施有机肥 2 000～2 500 千克、碳酸氢铵 20 千克。起垄时，花生地每亩施过磷酸钙 35～40 千克、尿素 2～3 千克、硫酸钾 5 千克。西瓜地每亩比花生地增施过磷酸钙 5～7 千克、尿素 1～2 千克、硫酸钾 2～3 千克、有机肥 500 千克。

（3）选用适宜品种。西瓜应选用早熟优质品种，如早花、郑州3号等，以缩短与花生的共生期，并能早上市，提高商品价值。花生应选用高产大花生品种，如花育19、花育25、花育22等。

（4）适期育苗播种，加强田间管理。西瓜于4月初育苗，采用直径5～10厘米、高10厘米的营养土纸筒育苗，每钵播种2粒，留苗1株。4月下旬移栽，并采用薄膜拱棚保护栽培。生育期间要及时用甲基托布津防治西瓜炭疽病。花生于5月初播种，生育期间注意除草、防病、治虫。

69 何时进行花生大垄宽幅麦套播种？

把花生地膜覆盖栽培技术运用到麦套花生上，创造了大垄宽幅麦套种覆膜花生的模式，即在秋种小麦时，留出花生套种行，第二年套种覆膜花生。花生套期可提早到4月上中旬（同春播覆膜花生播期），比一般麦田套种提前40天左右，变麦套夏花生为麦套春花生。这种栽培模式，由于小麦采用矮秆大穗型良种，加之沟播的边行优势，通风透光好，小麦穗大粒重。花生应用米播（或果播），在小麦拔节期趁墒早套达到全苗，既提高了土地和光热资源的利用率，又扩大了小麦和花生种植面积，达到粮油双高产。

70 花生麦套播种须注意哪些问题？

（1）施足基肥，留好套种行。小麦播种前，多铺施有机肥，最好配合施用部分氮肥和磷肥。施肥后翻耕起垄，垄沟内种小麦，垄顶种花生。

（2）适期套种。若套种过早，小麦和花生共生期长，花生容易形成高脚苗，主茎高，分枝少，节间长，结果少。若套种过晚，花生生育期短，失去了套种争取加长生长期的意义，荚果不饱满。以小麦收获前 20 天左右套种比较适宜。

（3）合理密度。麦套花生一般比春花生植株小，套种密度适当加大，一般比春播增加 15% 左右。

（4）加强麦收后的田间管理。麦收前田间管理不方便，花生苗弱，杂草多。小麦收获后，应抓紧除草中耕，并追施部分氮素肥料，以促进弱苗转化。

71 夏花生获高产要抓哪些措施？

夏花生多指收获小麦后播种的花生，其生育期比春播花生短 30～40 天，各个生育期也相应缩短。前期、中期生长快，后期温度低，对荚果发育不利，因此，要抓好以下几项措施。

（1）选用早熟高产品种。播种前 10 天剥壳，剥壳前晒种 2～3 天。机剥后精选种子，种子要饱满、均匀、生命力强。

（2）抢时早播。春争日、夏争时，早播是决定夏花生能否高产的关键。小麦收获后，要抢时早播花生。

（3）早施、增施氮、磷肥料。夏花生生育期短，播种时，除增施有机肥外，每亩增施 10～15 千克氮肥和 25～50 千克磷肥。结合耕地重施前茬（小麦）有机肥。麦收后结合耕耙地每亩施用花生专用控释肥（16 - 12 - 16）50 千克，适当增加钙肥和硼、锌、铁等微量元素肥料的施用。

（4）精细整地。小麦收获后，将肥料撒施在地表，进行耕地，再用旋耕犁旋打 1～2 遍，将麦茬打碎，旋耕耙平。

（5）机械播种。垄距 80～85 厘米，垄高 10～12 厘米，垄面宽 50～55 厘米，垄上小行距 30～35 厘米。播种深度控制在 2～3 厘米。及时破膜，防止烤苗。

（6）保全苗，增密度。夏花生植株矮小，要充分利用地力、光能，发挥群体的增产作用，密度要比春播增加 10%。

（7）浇好关键水。保持适宜的土壤墒情，重点浇好盛花水。中耕培土，排水防涝，保证田间积水顺利排出。

（8）及时中耕除草。夏花生处在温度高、雨水多的季节，易生杂草，雨后土壤易板结。因此，要及时中耕除草，疏松土壤。

（9）适期晚收。小麦茬夏直播花生收获期推迟至10月上旬。

72 夏直播对花生品种有哪些要求?

夏直播花生横跨夏季和秋季，经历高温、多雨、干旱、降温等气候环境，对花生品种的选择提出了更高的要求。一是早熟，生育期在120天左右，不能太晚，太晚会因为温度下降导致后期营养积累不足，饱满度降低，影响产量。二是最好选择小花生。相同的生育期，小花生的营养积累更能满足荚果和籽仁发育的要求，成果、饱果数量增加，提高产量。三是植株发育快，生长壮而不旺。花生苗期高温多雨极易形成花生高脚苗，不利于第一对侧枝发育和花芽分化，结荚期容易出现徒长，饱果成熟期容易出现早衰现象。因此，选择品种很重要。

73 影响夏直播花生产量的因素有哪些?

经过生产实践，影响夏直播花生产量的因素：一是高温干旱，肥料溶解扩散速度慢，引起肥害。二是高温导致花少，受精率降低，果针发育受到影响，短时间的高温对果针造成灼伤，形成的荚果数量减少。三是病害、郁蔽导致大量落叶，光合能力下降，营养积累不足，荚果饱满度差，影响产量。

74 花生单粒精播有哪些技术要点?

精选种子：一、二级种子分级播种。肥料充足：配方施肥，精准施用控释肥。精细整地：冬前大犁深耕，早春旋耕。

大垄双行：垄距 80～85 厘米，穴距 11～13 厘米。单粒播种：每亩播 14 000～15 000 粒。适期足墒：5 月 1 日后播种，土壤含水量达最大持水量的 60%～70%。加强田间管理。适时收获。

技术重点：精选种子，要保证播下去的种子都能够发芽出苗。土地要整平整细，不能有坷垃。土壤墒情一定要合适，既不能干，也不能湿。

75 盐碱地上种花生怎样获得高产？

盐碱地上种花生获得高产的栽培技术要点：一是增施有机肥，将作物秸秆堆腐后直接还田，每亩土杂肥 3 000 千克左右，或使用优质商品有机肥每亩 100～200 千克。秸秆还田，增加秸秆对土壤表面的覆盖，减少土壤水分蒸发，降低土壤盐分，增加土壤有机质，改良土壤结构。二是选用耐盐碱品种，如花育 25、花育 36、花育 60 等。三是盐碱地不宜深耕，播种时进行旋耕，播种前压盐提墒，在播种前灌水压盐，地膜覆盖起垄播种，灌水后垄沟要适时浅耕，防止土壤开裂和返碱。盐碱地出苗率低，要适当增加播量。种肥同播，分层施入，适当缩减行距。四是花期灌水压盐，保证顺利开花下针。

76 丘陵旱薄地上种花生怎样获得高产？

丘陵旱薄地是指常年遇旱频率高于 70%、土层平均深度 40 厘米左右或沙性较大、土壤肥力较低的地块。

（1）旱薄地多为一年一季春花生。要冬前耕地，早春顶凌耙耢，或早春化冻后耕地，随耕随耙耢。注意年份间要深浅轮耕，深耕年份耕深 35 厘米左右，一般年份耕深 25 厘米左右，每 3 年进行 1 次深耕，以打破犁底层，增加活土层厚度，提高土壤的蓄水保肥能力。

（2）起垄覆膜播种。对于土层较浅的地块，可增加垄的高度，满足根系发育要求。

（3）施足基肥。结合耕地每亩施土杂肥 3 000～4 000 千克，每亩施尿素 5 千克、复合肥 60 千克、生物菌肥 4 千克。

（4）品种选用。选用抗旱、耐瘠性好、适应性广的中熟或中早熟品种，如花育 25。

（5）种子准备。剥壳前带壳晒种 2～3 天。剥壳后，将种子分成 1～3 级，分级播种。根据田间病虫害的种类，选择不同种衣剂剂型，按照浓度要求进行种子拌种。

（6）播种。大花生要求 5 厘米土层日平均地温稳定在 15 ℃以上后播种，小花生稳定在 12 ℃以上后播种。播种时，土壤相对含水量以 50%～60% 为宜。

（7）田间管理。水分管理：开花下针期和结荚期遇旱，有灌溉条件的，应及时浇水；没有灌溉条件的，可叶面喷施黄腐酸等蒸腾抑制剂，减少植物水分散失。防止徒长：当主茎高度达到 35 厘米时，每亩用壮宝胺 20 克加水 40～50 千克进行叶面喷施。追施叶面肥：初花期和饱果成熟期，每亩用 30 克磷酸二氢钾叶面肥兑水后喷施。

（8）收获与晾晒。当 85% 以上荚果果壳硬化、网纹清晰、果壳内壁呈现出青褐色斑块时，应及时机械收获。在田间晾晒至含水量降到 25% 时，开始摘果。当含水量降到 10% 左右时，入库储藏。

第四篇 生产管理

77 花生种子剥壳前晒种有什么好处?

晒种的好处有 2 个:一是通过晒种,能够唤醒种子,使种子的含水量保持一致、出苗一致。二是利用太阳的紫外线,杀死花生表皮的病菌,减少病害。经试验,剥前晒种的出苗期比未晒的提早 1 天,盛花期提早 5 天,平均增产 9.1%。荚果剥壳适宜时间是播前 10 天,剥壳越晚,种子活力越强,出苗越健壮。

78 花生怎样晒种?

剥壳前,要选择晴天在泥地上连续晒 2～3 个中午。在晒种的过程中,每间隔 1 个小时要翻晒 1 次。

79 花生种子何时剥壳?

花生的荚壳具有一定的保温防潮作用。如果种子失去壳的保护,在冬天容易受到冻害;同时,种子直接与空气接触,呼吸作用会旺盛起来,物质转化加快,养分大量消耗,种子的活力将下降,并且早剥壳还会使种子受到机械损伤,如搓掉种皮、籽仁破碎等。一般来说,在花生播种前 10～15 天剥壳最好,机械脱壳在播种前 2～3 天为宜。

80　花生播种前需要进行发芽试验吗?

　　花生种子在储藏过程中，容易冻伤、霉捂等，丧失发芽力，加之花生用种量大，一旦播下发芽率不高的种子，不仅达不到苗全、苗壮，还直接影响花生的产量。通过发芽试验，就可以预先知道花生种子的利用价值，对发芽率低的种子及时进行更换。合格的花生种子要求发芽势在70%以上、发芽率在95%以上。

　　发芽试验的方法：剥壳后取100粒种子，放在40℃左右的温水中浸泡4个小时，待种子吸胀后，取出放在干净的碟子中，用湿布盖起来，在25～30℃条件下发芽。为了保证种子湿润，每天可淋洗1～2次。从第二天起，每天检查1次发芽数。1昼夜的种子发芽百分数为发芽势，3昼夜的发芽百分数为发芽率。

81　花生种子分级粒选有哪些好处?

　　由于花生生长的差异，不可能所有的种粒一般大，播种前要对花生仁进行加工，剔除发芽、发霉、破碎的花生仁，并对其进行分级，分成一级仁、二级仁和三级仁，一级仁占总数的50%左右，二级仁占40%左右，三级仁数量很少。播种时，要一级仁和一级仁在一起播，二级仁和二级仁在一起播，每穴2粒。忌混播，混播的花生出苗后以及在以后的生长过程中，会出现"大苗欺小苗"的现象，发挥不出个体和整体的生产潜力。

82　怎样进行分级选种?

　　根据花生与自然环境之间的关系，建议花生在播种前10～

15 天剥壳。在实际生产中，剥壳时间在每年的 3 月，有的还要更早，在 2 月下旬就开始了。剥壳时不要急着把花生仁与花生壳分离，把二者混装在袋子里，播种前 3～5 天再分离，提早分离会影响到花生的发芽势，降低发芽率。将分离后的花生仁进行分级，数量大的用分级筛，数量少的用簸箕。分成一级仁、二级仁、三级仁，分开盛放。播种时，单独分级播种。

83 为什么推荐二级仁做种？

花生播种期往往是低温、土壤墒情差的时候，一级仁子叶瓣大，养分含量高，下胚轴含水量高，伸长慢，非常脆弱，一掰就断。如果倒春寒严重，下胚轴就会受到冻害。墒情不足时，下胚轴的水分就会散发到土壤中，影响到萌发。二级仁子叶瓣偏小，在逆境条件下，下胚轴的维管束很快纤维化，生出主根和毛细根，吸收土壤中的水分、养分来满足萌发需要。同时，二级仁作种子可以节约 1/3 的种子。不同级别的花生出苗后，存在差别，一级仁的花生出苗后壮而旺，二级仁的花生出苗后偏弱但均匀，到了开花下针期，在生长和产量上没有差别。

84 花生何时可以播种？

花生的最适播期，是由品种的特性、自然条件和栽培制度等方面决定的，在自然环境中，影响的主要因素是温度、湿度、无霜期等。其中，温度是关键的因素。因此，花生的最适播期一般是根据花生种子发芽出苗所需要的温度而确定的，大花生 5 厘米地温连续 5 天稳定在 15 ℃以上、小花生 5 厘米地温连续 5 天稳定在 12 ℃以上、高油酸花生 5 厘米地温连续 5 天稳定在 19 ℃以上时，就达到可以播种的温度了。影响播种的另一个因素是土壤湿度，在温度满足要求的条件下，如果水源充足，非常有必要进行造墒播种。造墒时，水量不能太大，但也不能太小。太大，则会影响到温度的回升；太小，则起不到造墒的作用。什么程度最合适呢？用手抓起 5 厘米处的土壤一握，随即放开，如果土顿时散开，就可以了。造墒后的土地要重新进行整地，再进行播种，避免墒情不均出现烂种缺苗现象。

85　播种对应的物候期是什么？

大花生要求 5 厘米地温连续 5 天稳定在 15 ℃以上后播种，小花生 5 厘米地温连续 5 天稳定在 12 ℃以上后播种，高油酸花生 5 厘米地温连续 5 天稳定在 19 ℃以上后播种。科研人员可以每天观测地温变化，而在实际生产中，花生种植户不可能每天到地里观察地温，但可以观察其他物候期来了解地温变化。刺槐树花刚刚露白时或小麦抽穗时，就是花生播种的最佳时期。

86　怎样确定播种密度？

在正常情况下，花生机械播种的农艺技术规格是垄宽 85 厘米，垄高 12 厘米，垄面宽 55 厘米，花生行距 35 厘米，株距 16.5 厘米，每亩播种 11 500 穴，成苗 10 300 穴。在这种播种农艺技术规格下，花生品种的个体发育不是很健壮，往往通过增加群体来保证产量，在生长过程中，遇到高温、多雨等极端天气，极易造成花生徒长倒伏、早衰。随着育种技术的进步和亲本来源渠道扩大，育种者选育出了植株生长健壮、个体发育旺盛、单株生产力高、抗逆性强的花生品种。沿用以前的农艺技术播种与新花生品种的特点特性不相适应。其他规格不变，将花生的株距作出调整，由 16.5 厘米增加到 22.0 厘米，每亩播种 8 600 穴，成苗 7 800 穴。通过提高个体生产量，保证整个花生产量在千斤*以上。

目前，生产中机械播种需要注意的问题：一是避免垄间太宽、垄面太窄的现象，保证每亩花生的播种数量；二是除草剂不能用乙草胺，推荐使用异丙甲草胺（金都尔）。

87 春花生播种有哪些容易出现的问题？

春播花生遇到的普遍问题是墒情不足。降水后，种植户不顾低温，抢墒播种，由于温度低，造成大面积的烂种或长时间不出苗，出来的苗弱、抗病性差，第一对侧枝发育不良，直接影响到产量。花生播种太深，没有达到 3～4 厘米的要求，超过 5 厘米的现象普遍存在。花生播种深度要根据土壤墒情确定，掌握的基本原则是"湿不种深，干不种浅"。现在花生播种全部实现了机械化，但受机手技术水平的限制，普遍存在垄间太宽、垄面太窄的问题。

88 高油酸花生播种有何要求？

高油酸花生的播种与普通的花生播种相比，在播种技术上没有差异。关键是高油酸花生对播种温度的要求比普通花生的更高。要求 5 厘米处地温连续 5 天达到 19 ℃以上时才可以播种，切记不能与普通的花生在同一个播种温度上播种，否则会导致烂种现象的发生。

89 怎样保证花生苗壮而不旺？

一年两作或一年一作花生田的前茬是玉米，一年两作的前

---

* 斤为非法定计量单位。1 斤＝500 克。

茬是小麦，前茬作物通过秸秆还田的形式回到土壤中。在秸秆还田前，应该每亩增施 10 千克尿素或 30 千克碳酸氢铵，增加土壤中的氮素，补足秸秆熟化对土壤中氮的消耗，提高碳氮比。在实际生产中，如果没有增施氮素，当花生播种出苗后，会出现花生苗弱、苗黄、根系瘦、土壤跑墒严重等现象。因此，花生播种时，在种肥里每亩增施 5 千克的尿素，满足苗期对氮素的需求，促进根系发育，提高根冠比，为产量的提高打下坚实的基础。

90　花生怎样进行滴灌？

花生是耐旱、耐瘠薄的作物，一般情况下不用补水；一次性施足基肥后，生长期间不用追肥。但对于沙质土壤或干旱的风沙区、丘陵地块，采用滴灌的灌溉方式是保证花生高产稳产的重要措施。花生滴灌管的铺设是与花生播种同时进行的，在花生播种结束后，就可以进行出苗滴灌，一般滴灌 3～4 小时。在开花下针期、初花期配上肥料，一般增施硼肥，滴灌 4～6 个小时。饱果成熟期配上钙肥，滴灌 2～3 个小时。其间，视天气情况增减滴灌次数或时间。

91　怎样做好破膜引苗？

在一般条件下，土壤整理不能够做到细、平、匀，花生播种机的膜上压土不符合农艺技术要求，有时春季风多、瞬间风大、膜上压土被大风吹散吹掉。没有压土，花生不能够自行穿透地膜出苗，需要人工破膜引苗。人工破膜引苗要注意避开高温时段，在 8:00 以前或 16:00 以后，时间点越早或越晚破膜越好。

92 为什么要解放出第一对侧枝？

花生的分枝有第一次分枝、第二次分枝、第三次分枝等，在主茎上生出的分枝称为第一次分枝，在第一次分枝上生出的分枝称作第二次分枝，以此类推。第一、二条一次分枝从子叶叶腋生出，为对生，称作第一对侧枝。第三、四条一次分枝由主茎第一、二真叶叶腋生出，为互生，由于主茎第一、二节的节间极短，紧靠在一起，看上去近似对生，又称第三、四条一次分枝为第二对侧枝。第一对侧枝在出苗后 3～5 天，主茎第三片真叶展现时出现；第二对侧枝在出苗后 15～20 天，主茎第五、六片真叶展现时出现。第一、二对侧枝长势很强，是着生荚果的主要部位。生产上，一般情况下第一、二对侧枝的结果数是全株总数的 70%～80%，而第一对侧枝又占到 85% 以上。所以，促进第一、二对侧枝健壮发育十分重要。

地膜覆盖破膜引苗时，有时第一对侧枝被压在膜下，不能完全地拉到地膜上边来，第一对侧枝在膜下受温度的影响开花但不结果，严重影响到花生产量。因此，是否解放第一对侧枝直接影响到花生产量。

93 何时为花生苗期？

发芽出苗：自播种至 50% 的幼苗出土，主茎 2 片真叶展现。春播需 10～15 天，夏播 4～10 天。发芽温度 25～37 ℃。土壤含水量为最大持水量的 50%～60%。

幼苗：50% 的幼苗出土展现 2 片真叶至 50% 的植株第一朵花开放。出苗前主根长 5 厘米，并出现侧根；主茎有 4 片真叶时，主根长 40 厘米，侧根长 30 厘米；出现第三片真叶时，分生第一对侧枝；出现第五、六片真叶时，分生第三、四对侧枝。这5个茎根是否壮而不旺是决定以后能否高产的基础。第一对侧枝高于主茎时，基部节位出现始花。适宜幼苗生长的气温为20～22 ℃，土壤含水量为最大持水量的45％～55％。

94　花生出苗后（苗期）怎样进行管理？

这一阶段田间管理的重点是开孔放苗和防治花生蚜虫、蓟马。先播种后覆膜的，要在花生顶土鼓膜时，及时开膜放苗，以防烤苗，并随即用湿土将幼苗四周的薄膜压实，土堆高2～3厘米，以利于封膜、保温、保湿和蔽光引苗出土。先覆膜后打孔播种的，花生出苗后及时清除土堆，并抠出膜下侧枝，以利于开花下针。开孔放苗一定要注意将第一对侧枝拉在地膜的上边，第一对侧枝是结果的主要位置，如果拉不出来，第一对侧枝的开花受到影响，直接影响到产量。因此，要经常在地里走一走，发现后，应及时处理。花生蚜虫的发生一般在6月中下旬，局部发生，防治上用40％氧化乐果800～1 000倍液叶面喷施，时间在10∶30以后或中午效果最好。也可以用洗衣粉，每亩用250克兑水后喷施。蓟马的防治时间最好在傍晚，用噻虫嗪或啶虫脒类的药剂。

95　花生苗期叶片发黄如何处理？

花生苗期的根系不是很发达，叶片生长速度慢，叶片数量少，叶面积不足，光合作用能力弱，养分供应主要来自根系。在生产中，出现叶片发黄的主要原因：一是土壤板结，尤其是雨后。土壤板结，通透性差，土壤中缺少氧气，影响到根系呼吸和对养分的吸收，叶片养分供应不足而出现发黄。二是大雨过后，土壤中铁离子流失，或土壤中缺铁，使花生出现缺铁性失绿发黄。三是盐碱地，花生播种前灌水量不足，花生出苗后盐碱上升，影响到根系对养分的吸收，造成叶片发黄。四是种肥过量或种肥施的深度不够，当花生根系下扎很快、接触到没有完全分解的肥料时，会出现烧根现象，从而导致叶片发黄。五是除草剂药害，除草剂使用不当或玉米田除草剂飘移对花生造成药害。

出现叶片发黄，要有针对性地采取措施：一是距花生的基部留出一定的距离进行耘锄，增加土壤的通透性；二是叶面喷施硫酸亚铁；三是灌水，稀释土壤中的肥料浓度；四是叶面喷施碧护等。

96 何时为花生开花下针期？

50％植株开花至50％植株出现鸡头状幼果为开花下针期。主要表现为：叶片数迅速增加，叶面积迅速增长，根系增粗增重，大批根瘤菌形成，固氮能力迅速增强，供应植株。第一、二对侧枝出现二次分枝。主茎增加到12～14片真叶时，叶片加大，叶色转淡，光合作用增强，第一对侧枝8节以内的有效花全部开放，单株开花达到高峰。

生产上，要创造土壤、温度、湿度等适宜条件。喷施硼肥，保证花多、受精率高、果整齐。此间的适宜温度为22～28℃，土壤含水量为最大持水量的60％～70％。土壤含水量若过低，则叶片生长停止，果针伸长缓慢，入土果针停止膨大；土壤含水量若过高，则出现烂果烂针。

97 开花下针期如何进行田间管理？

这一阶段田间管理的重点是防治花生病虫害，叶面追肥，防止徒长。

开花下针期是花生需肥需水量最大的时期，如果天气干旱，一定要浇水。浇水时，顺着花生沟，用编织袋装上 1/3 的土，每隔一定的距离放下挡水。当水漫过花生垄时，再挡 1 次。

花生上的病害主要是叶斑病。花生叶斑病主要有网斑病、褐斑病、黑斑病、焦斑病。从 7 月中旬开始，每间隔 10 天于叶面喷施杀菌剂，主要有 80％代森锰锌可湿性粉剂 400 倍液、50％托布津可湿性粉剂 1 500 倍液、50％多菌灵可湿性粉剂 800 倍液、50％硫胶悬剂 800 倍液、75％百菌清可湿性粉剂 500 倍液、25％百科可湿性粉剂 400 倍液等。花生的虫害主要有棉铃虫、蛴螬。危害花生的棉铃虫主要在 5 月下旬至 6 月上旬发生，成虫白天栖息，傍晚出来活动，取花蜜，产卵。孵化后，1～2 龄幼虫主要取食花生心叶，3 龄后的幼虫咬食叶片和花蕾。可以用 50％辛硫磷或 50％敌百虫 500 倍液叶面喷雾。

花生的叶面追肥视情况确定，一般是不需要追肥的，但为了提高花生植株光合能力，延长生命，防止植株衰老，可以结合喷杀菌剂，喷施相适宜的微肥。

98　怎样进行培土迎果针？

在植株封垄和大批果针入土之前深中耕，将垄行间的土培到垄上，使垄的外缘加高，缩短高节位果针的入土距离，使结实范围内的果针入土结实，提高结实率和饱果率。

培土迎果针的时间为单株盛花期后，群体植株封垄之前，选择晴天墒情适宜时进行。过早，会影响茎枝基部生育和开花成针；过晚，因花生群体植株封行和大批果针入土，则中耕不便，且易松动入土果针。培土方法单行垄种和双行垄种略有差异，单行垄种可用大锄在锄板和锄钩交接处带上草环，退行深锄猛拉，壅土培垄，要做到穿垄不伤针，培土不压蔓。双行垄种应先用大锄深锄垄沟，浅刮垄背，退去垄上的干结土层，然后用耘锄穿沟培土。最终均要使花生垄达到"沟清土暄，顶凹腰胖"的标准，以利于高节位果针入土结实。

99 何时为花生结荚期？

50%植株有鸡头状幼果至 50%植株有饱果出现为花生结荚期。根系增重，根瘤增生及固氮活动增强，主茎和侧枝生长量及各对分枝的分生均达到高峰，大批果针入土形成荚果。此时期是花生一生中生长的最盛期。适宜温度为 25~33 ℃，土壤含水量为最大持水量的 65%~75%。结实层含水量若高于 85%，则易烂果；若低于 30%，则出现秕果。

100 结荚期田间管理要注意哪些问题？

结荚期正处于汛期，高温多雨，在比较肥沃的地块或施用氮素较多的地块，地上部的生长过于旺盛，容易出现徒长现象，一般从 8 月上旬开始，当花生主茎高度在 35 厘米时，应及时喷施抑制剂。目前，抑制剂主要有壮宝胺、调环酸钙等。应用多效唑（PP333）时一定要注意应用浓度，不能超过 150 毫克/千克，即每亩用量不能超过 30 克。超过用量后，不仅起不到抑制生长、增加产量的目的，反而会引起早衰，降低花生的饱满度，降低产量。叶面喷雾时，应选择晴天无风的天气进行，一遍而过，不能来回重复。

101 饱果成熟期如何进行田间管理？

50%植株出现饱果至大多数荚果饱满成熟为饱果成熟期。主茎保留 4~6 片真叶，根瘤停止固氮，老化破裂回到土壤中。荚果迅速增重，不同栽培条件下出现 3 种情况：①营养生长衰退过早过快，干物质积累很少，荚果增重不大。②营养生长不见下降，干物质积累不少，但向荚果运输的较少，果重增长不快。③营养生长缓慢衰退，保持较多的叶片和较强的生理功能，又能有较多的干物质运向荚果。栽培上注意喷肥保顶叶。此时期的适宜温度为 18～20 ℃，土壤含水量为最大持水量的 40%～50%。若高于 60%，果实充实减缓；若低于 40%，茎叶枯衰，饱果率降低。

这一阶段田间管理的重点与结荚期基本相同，防止花生植株提前衰老，遇涝及时排水。同时，注意及时收获，防止烂果。

102 花生徒长是什么原因引起的?

引发花生徒长的原因主要有：一是在土壤肥力基础较好和开花下针期进行肥水猛促的田块，易出现群体植株徒长，过早封行，造成田间过早郁蔽，甚至出现后期倒伏的现象，这会使有效叶面积迅速下降，净光合生产率显著降低，果针高吊，针多不实，结实不饱，很难获得高产。二是在花生生长前期，连续干旱抑制了花生生长，在中后期连续充分降雨，促进花生植株快速生长。三是在开花下针结束后，进入高温多雨季节，容易使花生出现徒长。四是高产品种在肥水条件较好的情况下，极易出现徒长。

103 为什么要控旺?

在花生生长季节，由于温度高、降雨频繁、田间湿度大、植株生长十分迅速，极易造成茎叶徒长。如果不及时控制，茎叶消耗大量的营养，使荚果发育得不到充足的营养，造成荚果减少，籽粒不饱满，影响产量和品质。而且，茎叶生长过高，还容易发生倒伏，使田间通风透光差，引发多种病虫害，造成更大的减产。

104 花生在什么情况下需要进行植株调控？

在花生始花后 30～50 天（早熟品种始花后 30～40 天，中熟品种始花后 40～50 天），由于温度高、降雨频繁、田间湿度大，很容易造成植株徒长。主茎高 30～35 厘米、第一对侧枝 8～10 节的平均长度大于 5 厘米时，采用植物生长调节剂进行调节，控制茎叶生长，确保茎枝稳长，防止田间郁蔽、植株倒伏，保持较高而稳定的群体有效叶面积和净同化率，调节群体植株营养生长与生殖生长的比例，加速营养体光合产物向生殖体运转的速率。

105 花生控旺时间怎样确定？

花生控旺必须掌握好时间。控旺时间过早，影响植株的茎叶生长，叶片数减少，光合作用降低，造成减产；控旺过晚，叶片光合作用积累的养分不能够及时输送到根部和荚果，大量营养被浪费，影响荚果的生长发育。同时，在生长后期，由于整个生育期养分分布不均匀，容易引起植株早衰，使花生荚果发育得不到充足的营养，降低饱满度，造成减产。多年试验表明，花生控旺的最佳时间是在花生开花后、大量果针已入土时，此时第一批入土的荚果有小手指头肚那么粗，第二批果针头部似鸡嘴状。在水肥充足、植株生长旺盛的地块，花生主茎高达 35 厘米后也可控旺。

106 控旺药剂如何选择和使用？

花生控旺的药剂有很多，目前使用最多的是壮宝胺、多效唑、烯效唑、调环酸钙、氯化胆碱等，这些药剂见效快、效果好、效率高，在花生生产上广泛应用。

（1）多效唑。多效唑是一种三唑类植物生长调节剂，具有很好的内吸传导性，植物根、茎和叶片均可吸收，通过改变植物体内激素平衡，调节控制植物生长发育，具有延缓植物生长、抑制纵向伸长、缩短节间、抗倒伏、防病害、提高产量等作用，但在土壤中残留时间长，对下茬作物的生长有影响。目前，多效唑逐渐被其他新型药剂代替。

（2）烯效唑。烯效唑是一种三唑类植物生长调节剂，也具有很好的内吸性，活性比多效唑高6～10倍，能矮壮植株，控制徒长，防止倒伏，促进开花结实，增加产量。同时，还可兼治花生叶斑病、茎腐病、褐斑病等多种病害。烯效唑在土壤中残留量很少，时间也很短，对下茬作物影响小，是替代多效唑最理想的控旺产品。

使用方法：在花生盛花末期喷施全株1次，可用5％烯效唑可湿性粉剂400～800倍液均匀喷雾，以喷湿为度，不重喷和漏喷，不随意增大使用浓度。一般每亩用药液30～40千克，能有效控制花生植株旺长，增加花生产量。

（3）调环酸钙。调环酸钙是一种新型植物生长调节剂，可以通过植物种子、根系、叶面吸收，抑制赤霉酸的合成，抑制植物的茎叶生长，缩短植物的茎秆伸长。并且，调环酸钙能够增加地下块根块茎类作物的干物质积累，提质、增产。与目前广泛应用的三唑类延缓剂相比，调环酸钙对轮作植物无残留毒性，对环境无污染，因而有可能取代多效唑，但是价格偏高。

使用方法：于花生开花盛期（下针期），用10％调环酸钙悬浮剂30～40毫升，兑水30千克均匀喷雾，每季作物最多使用1次，可快速控制花生茎叶生长。

（4）氯化胆碱。氯化胆碱又称高利达、甘薯膨大素、增蛋素、维生素 B_4 等，是一种植物光合作用促进剂，可显著提高作物叶片叶绿素、可溶性蛋白和植物碳水化合物的含量，提高超氧化物歧化酶的活性，增加叶片的光合效率，制造更多的营养物质向果实内输送，可快速启动根原基早萌发，促使荚果提早膨大，减少秕果，提高产量。氯化胆碱也是目前最安全的地下根茎膨大剂，但喷施次数偏多。

使用方法：于花生始见花蕾期进行叶面喷施。每亩用60%氯化胆碱可湿性粉剂15～20毫升，兑水30千克，待露水干后，均匀常规喷雾。间隔10～15天喷施1次，连续施用2～3次。据试验，增产可达30%～60%。

所有的抑制剂在使用时均应严格按照使用说明书上的指导浓度使用。在喷施过程中，要一遍而过，不能来回重复喷。在花生的整个生育期内，喷施次数要根据天气状况和花生生长状况调整，一般遵循"一遍重、二遍轻、三遍看现状"的原则。

107 何时补充叶面肥？

花生要求一次性施足基肥，一般不再追肥。在生产中，由于自然条件的变化和花生在不同时期对肥料的需求有细微的变化，需要补充追施叶面肥。叶面肥的施用要施在关键时期：一是开花下针期，二是饱果成熟期。在这两个时期增施叶面肥对产量的影响比较大。

108 叶面肥有哪些？

不同的叶面肥所含的成分不同，所起的作用有很大的差异，一般要求叶面肥富含微量元素，能够调节花生生长，增强花生抗性。叶面肥要富含钙、硼、铁等，调配养分运转，使花生植株壮而不旺，增强植株抗性。

109 不同叶面肥混合使用有怎样的作用和用法？

（1）磷酸二氢钾＋芸苔素内酯：两者一起混合使用，能够相互促进吸收，起到增效的作用。花生结荚期喷施0.2%～0.3%的磷酸二氢钾加芸苔素内酯2～3次，可以增加叶片厚度，增强光合作用，起到促进膨大、显著增产的效果。同时，可以与万能杀菌剂吡唑醚菌酯一起使用。

（2）磷酸二氢钾＋流体硼肥：0.3%磷酸二氢钾搭配0.1%流体硼肥，在花生初花期、盛花期喷施，具有促进开花、提高花朵质量、减少落花落果的效果；在饱果成熟期喷施，能够促进碳水化合物的合成和运输，促进灌浆或膨大，同时减少空秕粒，增产又提质。

（3）磷酸二氢钾＋尿素：两者一起混合使用是最常见的。尿素是小分子物质，能够瞬间被作物吸收，0.5%尿素和0.3%磷酸二氢钾搭配叶面喷施，尿素能促进作物叶面更快、更好地吸收磷酸二氢钾。在花生苗期喷施0.5%尿素和0.3%磷酸二氢钾，可以缓解苗期根系弱所导致的发黄现象。饱果成熟期容易出现根系弱、茎叶早衰的现象，喷施1%尿素和0.3%磷酸二氢钾，可以延缓茎叶早衰，促进叶片中的营养物质更好、更快地转移，显著增产。

（4）磷酸二氢钾＋有机螯合钙肥：市场上一般的钙肥，包括糖醇钙，都不能与磷酸二氢钾混用，以免产生沉淀。因此混合使用时最好选择有机螯合钙。由于硼能够促进钙的吸收，因此注意配合流体硼一起使用。在花生荚果期，喷施0.3%的磷酸二氢钾和0.1%有机螯合钙，可以减少空壳，增加果壳硬度，提高籽粒的比重，显著增产。

110 抗逆调节剂有哪些?

抗逆调节剂能够缓解或消除不当用药等对花生造成的损害。其中，常见的有芸苔素内酯、碧护等。芸苔素内酯是国际上公认的第六大植物激素，具有促进生长、提高抗逆、增产提品、协同增效和解除药害的功能，我国芸苔素内酯已有几十年的发展历史，广泛地应用于油粮作物、果树、蔬菜等数十种主要作物上。碧护是德国科学家依据自然界奇妙的植物化感（又称异株克生）现象和生态生化学原理，历时 30 年研究开发的纯天然高科技生物产品。

111 抗逆调节剂芸苔素内酯和碧护有怎样的作用和用法?

芸苔素内酯是国际上最新的广谱、高效、安全、抗逆性强的植物生长调节剂，在植物的各个生长发育时期都能发挥调节作用。

苗期促根：芸苔素内酯用作种子处理或于苗床期喷洒，对幼苗根系有明显的促生长作用，使花生根深叶茂、苗株茁壮。营养期促进生长：其具有促进细胞分裂和细胞伸长的双重作用，同时能提高叶片叶绿素的含量，增强光合作用，增加光合同化产物的积累，因而有明显促进植物营养生长的效应，能够提高作物的产量。生殖期促进结实：芸苔素内酯能提高花粉的发芽率，促进花粉管伸长，有利于植物的受精，从而提高结实率和坐果率。作物成熟期改善作物品质：花生表现为粒数和粒重增加，瓜果类表现为果实均匀。增强抗逆性：芸苔素内酯进入植物体内后，不仅加强了光合作用，促进了生长发育，还能激发植物体内某些起保护作用的酶活性，可以大大减少逆境下植物体所产生的有害物质，尤其是在抗干旱和抗低温方面，作用更为明显。缓解药害：除草剂、杀菌杀虫剂错用或浓度配比不适时，容易出现药害，及时使用芸苔素内酯＋优质叶面肥能调节养分输送，补充营养，减轻伤害，加快作物恢复生长。

芸苔素内酯四大复配功效：①芸苔素内酯＋吡唑醚菌酯。吡唑醚菌酯作为甲氧基丙烯酸类的杀菌剂，有着杀菌谱广、效果卓越、对作物安全且促进生长等优点，芸苔素内酯＋吡唑醚菌酯的复配方案更是获得了大量种植户的青睐，得到广泛应用。其优势在于协同增效、速效性强，增强抗病、降低抗药，促进生长、降低药害。②芸苔素内酯＋戊唑醇。戊唑醇为内吸性三唑类农药杀菌药，具有保护、治疗、铲除三大功能，杀菌谱广、持效期长。但是，戊唑醇本身具有很明显的抑制生长作用，在使用时对浓度和时期把控不好就容易造成植株生长缓慢。芸苔素内酯＋戊唑醇的方案，可以避免由于戊唑醇使用不当造成的抑制生长的现象，同时加快作物对戊唑醇的吸收和传导，起到协同增效、降低药害的效果。③芸苔素内酯＋草甘膦。草甘膦属于传导型除草剂，这类除草剂可被植物的根、茎、叶、芽鞘等部位吸收，且能在植物的体内传导。草甘膦之所以能除草，是因为药液从叶面吸收，然后传导到根里，致使杂草慢慢地死掉。如果遇到低温环境，杂草代谢缓慢，对草甘膦的吸收传导缓慢，除草的效果就会大打折扣。芸苔素内酯配合草甘膦使用可以提高杂草的代谢水平，提高除草效果。④芸苔素内酯＋磷酸二氢钾。磷酸二氢钾属于高磷高钾型叶面肥，可以给作物提供优质的磷、钾元素供应，配合芸苔素内酯使用可以提高作物的代谢水平，促进磷酸二氢钾的吸收、传导和转化效率。在不同的时期使用芸苔素内酯＋磷酸二氢钾可以起到促进叶片光合作用、防寒抗冻、抗旱、抗干热风、抗倒伏、促进花芽分化、提高坐果率和果实品质、增加产量等多种功能。

芸苔素内酯使用应注意的问题：①芸苔素内酯是一种仿生甾醇类结构的化学物质，有一定的使用适宜浓度，如果使用浓度过高，可能会对作物造成不同程度的抑制现象。②芸苔素内酯在逆境下作用明显，所以在作物长势优良的情况下效果不佳。③芸苔素内酯不具备完全替代作用，要搭配其他农药使用。④芸苔素内酯本身没有养分，因此必须保证作物的养分供应。

芸苔素内酯在花生的初花期、开花下针期、结荚期结合喷施 2 次 0.1% 流体硼＋0.3% 磷酸二氢钾，在饱果成熟期结合喷施 0.1% 流体硼＋0.1% 流体钙镁，可以促进花生籽粒膨大、饱满，增产 30% 以上。

碧护是从植物体内产生的，而且有合适的途径进入环境的植物化感物质。它含有天然植物内源激素、黄酮类物质和氨基酸等 30 多种植物活性物质，组成了一个独特的植物生长复合平衡调节系统。从作物种子萌发到开花、结果、成熟全过程，碧护均发挥了综合平衡调节作用，解决了植物生长调节剂类产品功效作用单一、配合使用困难、调节作用不均衡、长势和产量不协调、使用范围和时间局限、影响产品品质等技术难题。通过系统诱导作用，碧护可激活植物的多重活性，使植物枝繁叶茂、根系发达，显著提高植物抗逆性（冻害、干旱、涝害、土壤板结、盐碱等）及抗病虫害能力，增加产量和改善品质，是一种新型复合平衡植物生长调节剂。

碧护作用机制：①抗干旱。在干旱情况下，作物在施用碧护后能够产生大量的细胞分裂素和维生素 E，并维持在较高的水平，从而确保较高的光合作用率。碧护可促进植物根系发育，增强植物抵御干旱的能力，可节水 30%～50%。②抗病害。碧护可诱导植物产生抗病相关蛋白和生化物质，如过氧化物酶、脂肪酸酶、β-1,3-葡聚糖酶、几丁质酶，能够促进形成愈伤组织，使植物恢复正常生长，并增强植物抗病能力，对霜霉病、疫病、病毒病具有良好的预防效果。③抗虫。碧护可诱导植物产生茉莉酮酸，启动自身保护机制，使害虫更容易被其天敌消灭。④抗冻。碧护可使植物呼吸速率增强，提高植物活力，并能够有效激活作物体内的甲壳素酶和蛋白酶，极大地提高氨基酸和甲壳素的含量，增加细胞膜中不饱和脂肪酸的含量，使作物在低温下能够正常生长，可以预防、抵御冻害。

碧护使用应注意的问题：①使用效果主要取决于正确的亩用量，喷水量可根据作物不同生长期和当地用药习惯来适当调整。②碧护强壮植物，与氨基酸肥、腐殖酸肥、有机肥配合使用，则增产效果更佳。③同杀虫、杀菌剂混用，帮助受害作物更快愈合及恢复活力，有增效作用。④注意不要在雨前、天气寒冷和中午高温强光下喷施，否则会影响植物对碧护的吸收。⑤碧护应储存在阴凉干燥处，切忌受潮。

112 花生早衰症是如何产生的？

花生早衰严重影响花生产量，造成花生早衰症的原因主要有以下几个方面。

（1）品种抗性退化严重。生产上种植的花生大都是常规品种，一些农民没有优种意识和换种概念，选择一个品种连续种植四五年甚至十多年，在生产过程中，也不注意对品种提纯复壮，导致种植的品种种性退化、综合抗性丢失，病虫发生严重。

（2）土壤瘠薄、重茬连作。花生一般种植在沙性土壤上，这类土壤有机质含量低、土壤团粒结构差、漏水漏肥。而花生施肥一般都是一次性施入，且有机肥施用量小或不施，导致后期营养不足。越是这样的土地，越不愿种植玉米等其他作物（种这类作物更长不好），花生常常重茬连作，造成土壤营养失衡，有害病菌增加。并且，没有实施秸秆还田，土壤中的有机质、钾肥得不到有效补充，导致土地越来越瘠薄，养分供给不平衡，病虫害越来越严重，花生早衰越来越明显。

（3）施肥结构不合理。基肥使用速效肥量大，特别是氮肥过多，导致叶片过大、茎枝过高，发生倒伏落叶。后期肥料供应不足，出现早衰。

（4）化控不当。多效唑喷施浓度过高或抑制剂喷施过早，导致花生提早落叶。

（5）恶劣气候影响。花生生长中后期遇干旱、连阴雨天气都会导致病虫害严重发生，造成叶片早落。特别是后期连阴雨，形成涝灾，使土壤缺氧，花生营养供应不上，光合作用差，造成叶片发黄，叶斑病严重发生，叶片脱落。

113 花生适宜收获的表现是怎样的？

地上部表现：当花生的生育期临近时，花生的下部叶片基本脱落，仅剩下上部的几片复叶，叶片不再发绿，呈黄绿色，叶片容易被碰落，花生的茎也呈现黄绿色。也有个别的品种活秆成熟，收获时叶片依然是浓绿色的，如花育23。针对这样的品种，注意一定不能等花生的叶片落光了以后再收获，否则荚果已经变成腐果，即过熟果。

地下部表现：85%的荚果处于"青皮铁壳"的饱满状态，即拔起一株花生有85%的花生荚果果皮呈现青色，而壳内部的海绵体破裂，破裂处呈现铁褐色，此时应及时机械收获。

机械收获有联合收获和分段式收获两种方式。收获的花生顺着花生垄平铺在地里，晾晒2～3天，在每天的中午，将花生翻晒 1 遍，使平铺在垄面上的花生上下都能够得到晾晒。当花生荚果用手摇一摇，能够发出响声时，运回场院，堆垛起来，然后摘果。花生堆垛不能太大，花生荚果朝外，预防上热捂垛，影响作种或商品性。摘下的花生荚果，顶风扬一扬，及时清除地膜、花生叶片、花生的残枝、土坷垃等，连续晾晒 4～5 天后，堆起来，放 2 天，再摊开晾晒 2～3 天。当花生的秕果变硬了，即可入库储藏。

114 东北地区如何减轻冻米现象?

在东北地区初霜来得早，气温下降速度快，回升速度慢。当花生从田间起出以后，水分含量高，在 5 ℃气温下遇到强冷风 2 小时后就会产生冻害。受到冻害的花生失水后，籽仁变黑，口味变差，用来榨油会出现大量的泡沫，影响商品性，降低价值。为减轻花生冻害的影响，在收获时应注意天气，当出现低温大风天气时，暂缓起收花生。要保证起收的花生能够在正常天气状态下晾晒 3～5 天，花生荚果的含水量降低到籽仁与果壳分离，避免花生冻害的发生。

第五篇 病虫草害防治

115 花生网斑病是怎样发生的?

花生网斑病因气候条件不同而表现出两种症状:一是网纹型。一般发生在温度、湿度比较合适的情况下,病斑发展很快。花生网斑病发病初期,在叶片正面产生白色小粉点,逐渐呈白色星芒状辐射,随病斑扩大,中间变成褐色、深褐色,病斑边缘不清晰。二是污斑型。病斑近圆形,黑褐色,病斑边缘较清晰,主要是因为在网斑病发展过程中,遇到不适宜的气候条件所致。在多雨季节,多产生较大、近圆形、黑褐色斑块,直径达 1.0~1.5 厘米,叶背面病斑不明显,呈淡褐色。后期病斑上出现栗褐色小粒点,即病菌分生孢子器,老病斑变干易破裂。网斑病与叶斑病混合发生情况下,可造成早期叶片脱落。

116 花生褐斑病是怎样发生的?

花生褐斑病病斑呈茶褐色或暗褐色,叶背面病斑较叶面浅,呈褐色或黄褐色,圆形或形状不规则,直径 4~10 毫米。潮湿病斑表面产生灰色粉霉状物,即病原菌的分生孢子梗和分生孢子。一片小叶上可产生 10~20 个病斑,严重时,几个病斑连在一起形成不规则的大病斑,逐渐干枯脱落。茎秆、叶柄上的病斑为长椭圆形,暗褐色,稍凹陷。

117 花生黑斑病是怎样发生的?

花生黑斑病主要发生在叶片上,严重时也可发生在托叶、叶柄及茎秆上。叶片感病后,初生褐色针头大小的斑点,逐渐扩大为圆形的病斑,直径为1～5毫米或更大些,病斑开始呈浅褐色,后变成黑褐色或暗褐色。叶正面老病斑边缘有较窄或不明显的淡黄色晕圈,在叶背面病斑上,通常产生许多黑色小点(病菌子座),呈同心轮纹状,并有一层灰褐色霉状物,即病菌分生孢子,背面病斑较褐斑病颜色深、褐色霉状物多,此为两种病斑的主要区别特征。有时病斑连在一起形成不规则的大病斑,叶片枯死而脱落。茎秆上的病斑也能连在一起形成不规则的大病斑,严重时茎秆变黑枯死。一般情况下,植株中下部叶片先感病,随后逐渐向上部叶片蔓延,严重时整株叶片全部脱落。

118 花生焦斑病是怎样发生的?

花生焦斑病通常表现焦斑和胡麻斑两种类型症状。常见的焦斑类型症状,通常自叶尖、少数自叶缘开始发病。病斑呈楔形向叶柄发展,初期褪绿,渐变黄、变褐,边缘常为深褐色,周围有黄色晕圈。早期病部枯死呈灰褐色,上面产生很多小黑点,即病菌子囊壳。该病与叶斑病混生,把叶斑病病斑含在楔形斑内。胡麻斑类型症状产生的病斑小(直径1毫米),不规则至圆形,有时凹陷。病斑常出现在叶片正面。在收获前多雨情况下,该病出现急性症状。叶片上产生圆形或不规则黑褐色水渍状大斑块,迅速蔓延造成全叶枯死,并发展到叶柄、茎、果针。在叶片、茎部病斑上,均出现病菌子囊壳。

119 花生叶腐病是怎样发生的?

花生叶腐病主要危害花生植株中下部叶片,严重时,病斑也可蔓延到茎秆、果针上。受害叶片首先在边缘部位产生形状不规则的浅灰色水渍状病斑,向叶片内部扩展,病斑逐渐变黑、腐烂。其间,若遇高温、高湿天气或花生倒伏,病害可迅速蔓延到中上部叶片,引起大量落叶。起初病叶生满蜘蛛网状的白色菌丝体,叶间及叶片边缘特别多,尔后在叶片上出现圆形或不规则的褐色或黑褐色水渍状的斑块,迅速扩大,叶全部或局部呈黑褐色霉烂状,最后干枯卷缩。在病叶及茎上最初长出灰白色棉絮状的菌丝,菌丝紧密结合,逐渐变成褐色或黑褐色、表面粗糙的颗粒状菌核。由于菌丝体互相缠绕,病叶时常悬挂不脱落,后期病叶干缩破裂。发病轻时,底叶发生霉腐,提早脱落,严重时植株干枯死亡。

120 花生锈病是怎样发生的?

花生锈病主要侵染花生叶片,也可危害叶柄、托叶、茎秆、果柄和荚果。叶片的背面初生针头大疹状白斑,叶面呈现黄色小点,尔后叶背病斑变成淡黄色、圆形。随着病斑扩大,病部凸起呈黄褐色,表皮破裂,露出铁锈色的粉末,即夏孢子堆和夏孢子,病斑周围有一狭窄的黄晕。一般下部叶片首先发病,然后向顶部叶片扩展,叶片密布夏孢子堆后,很快变黄干枯。病株较矮小,形成发病中心,提早落叶枯死。严重发病田后期,叶、茎秆干枯,呈火灼状;托叶上的夏孢子堆稍大,叶柄、茎和果柄上的夏孢子堆椭圆形,长1~2毫米;果壳上的夏孢子堆圆形或不规则,但夏孢子数量较少。

121 花生根腐病是怎样发生的?

花生根腐病在花生各生育阶段均可发生。花生出苗前，该病病菌可侵染刚萌发种子，造成烂种。病菌侵染花生幼苗地下部，主根变褐色，植株矮小枯萎。成株期受病害花生通常表现慢性症状，开始表现萎蔫，叶片失水褪绿、变黄，叶柄下垂，根颈部主根上出现稍凹陷、长条形的褐色病斑，随病斑发展至整个主根，植株逐渐枯死。这时拔出病株根系通常呈"鼠尾"状，无侧根或侧根很少。当土壤湿度大时，近土面根颈部可长出不定根，病株一时不易枯死。病菌可侵染入土的果针和幼嫩荚果。果针受害后，使荚果易脱落在土内。根腐病病菌和腐霉菌复合感染荚果，可使荚果腐烂。

122 花生茎腐病是怎样发生的?

花生茎腐病的发病症状：苗期感病子叶呈黑褐色、干腐状，后沿叶柄扩展到茎基部呈黄褐色水浸状病斑，最后呈黑褐色腐烂。后期发病，先在茎基部或主侧枝处生水浸状病斑，初呈黄褐色后为黑褐色，地上部萎蔫枯死。成株期感病，先在主茎和侧枝的基部产生黄褐色水渍状略凹陷的病斑，后茎基部变黑褐色，病部以上萎蔫枯死，地下荚果腐烂、脱落。生长中后期，有时仅主茎或侧枝中上部感病枯死，病部以下正常生长，后病部向下扩展导致全枝枯死。在潮湿条件下，病部变黑褐色，表皮易剥落；干燥时，病部表皮呈琥珀色凹陷。病部密生黑色小粒点，即病菌的分生孢子器。

123 花生冠腐病是怎样发生的?

花生冠腐病也称花生黑霉病，主要危害花生茎基部。花生出苗后，病菌侵染子叶和胚轴结合部，使其变黑腐烂，进而侵染茎基部。潮湿时，病部长出许多霉状物覆盖茎基部，茎叶失水萎蔫死亡。病菌在土壤、病残体或种子中越冬，花生播种后，病原体逢生、孢子萌发，从受伤种子脐部、子叶间隙或种皮直接侵入子叶或胚芽。花生出苗后，病菌从子叶处侵染茎基部或根基部，使病株发病，10天后开始出现死亡。

带菌种子可以直接引起病害的发生，高温多湿、内涝、旱湿交替有利于病菌滋生。播种过深，低温、高湿等不良气候条件延迟花生出苗，苗弱，也能加重病害。

124 花生疮痂病是怎样发生的？

花生疮痂病能够危害花生的一生，以结荚期和饱果成熟期受危害最严重，该病导致茎叶皱缩、扭曲，影响到花生产量和质量。花生疮痂病主要危害叶片、叶柄和茎秆，也能够危害果柄。叶片感病初期，出现近圆形针刺状褪绿色小斑点，后形成近圆形或不规则病斑，中央淡黄色，边缘红褐色。叶背面主脉或侧脉的病斑锈褐色，常连成短条状。嫩叶感病严重时，会出现皱缩、畸形。叶柄、茎秆的病斑卵圆形至短梭形，褐色或红褐色。植株发病严重时，病斑遍布全株，相互连成片，茎上呈"S"状弯曲、顶部叶片扭曲，整个植株矮化，茎叶枯死。

花生疮痂病具有潜伏期短、再侵染率高、分生孢子繁殖量大等特点。高温高湿有利于发病，荚果带病率、果壳传病率高，在偏酸性土壤、氮肥使用过多土壤中容易感病。

125 花生疮痂病怎样防治？

花生疮痂病防治主要以化学防治为主，防治效果比较好的药剂主要是：①四霉素；②波尔多液（1：1：200）；③爱苗＋

噻虫嗪；④吡唑醚菌酯＋苯醚·戊唑醇＋苯甲·丙环唑。

除了化学防治以外，还应加强作物间轮作。

126 花生土传病害怎样防治？

　　花生土传病害防治比较困难，防治效果较差。当发现病害出现、开始防治时，往往已经晚了，起不到较好的防治效果。在防治土传病害时，越早越好，并且以预防为主。花生土传病害的防治重点：注意防治方法，选择在傍晚或清晨，最好是在清晨有露水的时间均匀地喷杀菌剂进行防治。发病株及周围重点喷，药液量要大、浓度要高。如果在发病比较重的地块，按每亩 0.5～1.0 千克杀菌剂和种肥均匀地搅拌在一起，在花生播种时施用。对基部病害防治效果比较好的配方：①恶霉灵＋农用链霉素；②四霉素＋生根剂；③恶霉四霉素。

　　花生土传病害能够危害到花生荚果，并在荚果上寄生，在购买种子时，不能购买感病的花生做种。自己留种时，也要避免用发病地块的花生做种。花生剥壳前，一定要晒种。

127 花生炭疽病是怎样发生的？

　　花生炭疽病主要危害叶片，植株下部叶片发病早且多，从叶缘、叶尖或叶片的中部都可侵染发病，沿叶脉扩展，产生楔形、近圆形、椭圆形或不规则病斑，褐色或暗褐色，有不明显轮纹，后期病斑边缘黄褐色，中间灰白色或灰褐色。干枯后破裂穿孔，病斑上散生许多小黑点，即分生孢子盘。花生炭疽病病菌以菌丝体或分生孢子盘的形式随病残体在土壤中越冬，或以分生孢子的形式附着在花生荚果上越冬，借风雨等进行传播，从花生气孔侵入感病。温暖高湿环境容易发病，连作、植株生长过旺、内涝地块发病较重。

128 花生果腐病是怎样发生的?

花生果腐病即花生烂果病,是混合发生复合型花生病害。花生果腐病的发生与品种抗性有关,在相同的环境条件下,果壳厚的品种比果壳薄的品种更容易发生果腐病。在结荚期出现虫害,尤其是在饱果成熟期出现虫害,遇雨后,虫口周围发生腐烂,造成果腐病的发生。在阴雨高温季节,花生田不平整,田间排水不畅、积水,在积水的周围也会出现花生烂果,发生果腐病。近几年,国家提倡秸秆还田,在秸秆还田过程中,秸秆还田作业质量太差,在花生播种时出现还田秸秆堆积,花生生长中后期高温多雨条件下,花生荚果出现腐烂,发生果腐病。有机肥没有腐熟好,尤其是施用牛粪等反刍动物粪便时,没有提前发酵腐熟,直接作为基肥施到地里,花生覆膜播种后,在膜下发酵腐熟,产生大量的热量,造成花生烂果,发生果腐病。

129 如何防控花生叶斑病?

花生叶斑病的病原菌主要来自土壤,是叶斑病发生的初侵染源。环境条件达到病菌繁殖条件时,分生孢子破裂侵染到花生叶片,使花生叶片感病。在防治花生叶斑病时,应重点做好初侵染源的控制。农业防治:花生收获后,要尽量清除田间病残组织,及时翻耕,实行轮作。药剂防治:可选用75%百菌清500~800倍液或50%多菌灵可湿性粉剂800~1 000倍液。自花生苗期开始,喷施杀菌剂要重点喷洒花生的垄沟,起到控制初侵染源的作用。开花下针期喷施杀菌剂,在继续喷洒垄沟的基础上,喷洒花生的基部叶片。在结荚期喷施杀菌剂,喷洒重点是花生的中下部叶片。在饱果成熟期喷施杀菌剂,重点喷洒花生中上部叶片。这种喷施方式既可以有效地控制初侵染源，又能够有效地控制再侵染源，保持花生叶片健康。切记喷洒杀菌剂时不能只喷洒上部表层叶片，这种喷施方式不能很好地控制叶斑病的发生。

130 花生白绢病是怎样发生的?

花生白绢病是近几年发病较重的一种花生基部病害，多发生在花生生长的后期。病菌从近地面的茎基部和根部侵入，受害病组织初期呈暗褐色、软化腐烂，当环境条件适宜时，菌丝迅速蔓延到花生近地面中下部的茎秆以及病株周围的土壤表面，形成一层白色绢丝状的菌丝层，所以又称为白脚病或棉花脚。后期在病部菌丝层中形成很多菌核，菌核大小不一。受侵染病株地上部叶片萎蔫，随后枯死。病部腐烂，皮层脱落，仅剩下一丝丝的纤维组织，易折断。菌丝也会蔓延到荚果，严重侵染的荚果被白色菌丝簇完全覆盖，最终腐烂。

白绢病的发生与温湿度的关系密切。遇高温多雨天气，尤其是雨后骤晴或干旱骤雨，会导致急剧发病。种子带菌率高。群体过大、田间郁蔽的地块发病重。

131 花生菌核病是怎样发生的?

花生菌核病主要危害花生的基部和根茎部。茎基部病斑初为褐色，后逐渐扩大，变为深褐色，最后呈黑褐色。受害部位软化腐烂，病部以上部分茎叶萎蔫枯死。在潮湿条件下，病部表面初生灰褐色茸毛状霉状物，后变成灰白色粉状物，即病菌的菌丝和分生孢子。临近收获时，在茎的表层和木质部之间产生大量不规则的小菌核，菌核外部褐色，内部白色。

病原菌以菌核或菌丝体的形式在病残株、荚果、土壤中越冬，第二年菌核萌发产生菌丝或分生孢子，借助风雨传播，多次进行侵染。

132 怎样防治白绢病、菌核病?

花生白绢病、菌核病是花生基部病害，在防治时，与其他病害防治方法有根本性的区别，要选择在傍晚或清晨，最好是在清晨有露水的时间均匀地喷杀菌剂进行防治。发病株及周围重点喷，药液量要大、浓度要高。对白绢病、菌核病防治效果较好的配方：①噻呋酰胺＋四霉素；②噻呋酰胺＋吡唑醚菌酯＋苯醚甲环唑。

在进行药剂防治的同时，当发现病株后，要把病株及周围的土壤一起挖起移出田间，用火烧掉。切记不能把病株拔起后边走边抖土。

花生白绢病能够危害花生荚果，并在荚果上寄生，在购买种子时不能购买感病的花生做种。自己留种时，也要避免用发病地块的花生做种。

133 花生茎腐病如何进行防治?

茎腐病的发生贯穿于花生整个生育期，以苗期为主。茎腐病主要以种子带菌和土壤传播为主，连作地块发病重，早播因为气候的原因导致花生抗性降低，出现病情加重现象。因此，应实行合理轮作。隔年深耕40厘米以上。种子储藏前要充分晒干；剥壳后要进行晒种、选种，不用霉变、质量差的种子；播种时，选择以杀菌剂为主体的拌种剂，做好种子消毒。

134 花生线虫病是怎样发生的?

花生根结线虫对花生的入土部分（根、荚果、果柄）均能侵入危害。花生播种后，当胚根突破种皮向土壤深处生长时，侵染期幼虫即能从根端侵入，使根端逐渐形成纺锤状或不规律的根结（虫瘿），初呈乳白色，后变淡黄色至深黄色，随后从这些根结上长出许多幼嫩的细毛根。这些毛根以及新长的侧根尖端再次被线虫侵染，又形成新的根结。这样经过多次反复侵染，整个根系形成了乱发似的须根团，根系沾满土粒与沙粒，难以抖落。危害花生的根结线虫病有两种，分别为北方根结线虫病和花生根结线虫病，其危害形成的根结略有不同。北方根结线虫危害形成的根结如小米粒大小，其上增生大量细根，严重时根密集成簇，在根结上方生出侧根是北方根结线虫侵染的特征。花生根结线虫危害所形成的根结较大或稍大，症状特点为根结与粗根结合，根结大并包括主根。荚壳上的虫瘿呈褐色疮痂状凸起，幼果上的虫瘿乳白色略带透明状，根颈部及果柄上的虫瘿往往形成葡萄状的虫瘿穗簇。根结线虫主要侵害根系，根的输导组织受到破坏，影响到水分与养分的正常吸收运转。因此，被根结线虫侵染的花生植株的叶片黄化瘦小、叶缘焦灼，直至盛花期萎黄不长。

135 如何防治花生线虫病？

（1）农业防治：北方花生产区花生与玉米、小麦、大麦、谷子、高粱等禾本科作物或甘薯实行2～3年轮作，能大幅度减轻土壤内线虫的虫口密度，轮作年限越长，则效果越明显。深翻改土，多施有机肥，创造花生良好的生长条件，增强抗病力，是农业防治的一项重要措施。花生收获时，进行深刨，可把根上线虫带到地表，通过干燥消灭一部分线虫。修建排水系统，不用有线虫的土垫栏，彻底清除田内外的寄主杂草，都可减轻线虫的危害。

（2）化学防治：常用的杀线虫剂有熏蒸剂、触杀或内吸性的非熏蒸剂。

熏蒸剂：常用有90%氯化苦乳剂每亩施5千克，滴滴混剂每亩施20～30千克，90%棉隆粉剂每亩施3～5千克等。在播种前20～30天，结合春耕施药，沟深20厘米，沟距30厘米，将药均匀地施于沟底，立即覆土防止挥发，并压平表土，密闭闷熏。熏蒸剂剧毒、易挥发，要注意人畜安全。

内吸剂：常用有5%涕灭威每亩施3千克，15%涕灭威颗粒剂每亩施1千克，10%灭线灵颗粒剂每亩施2～4千克，3%呋喃丹颗粒剂每亩施5千克等。播种时，用药盖种或撒于播种沟内。

触杀剂：常用有80%益舒宝颗粒剂每亩施1.5～2.0千克，10%克线丹颗粒剂每亩施2千克，5%灭线唑颗粒剂每亩施3～4千克，10%灭克磷-甲拌磷乳剂每亩施2.5～3.0千克等。结合播种施药于播种沟内，沟深15厘米，与种子隔离施用，以防发生药害。此外，40%甲基异柳磷乳剂每亩施2千克，在线虫病轻而虫害重的地块，结合播种施药可同时防治线虫病和虫害。

136 如何防治花生病毒病？

（1）应用无毒种子。带病毒花生种子是病害主要初侵染源，因此，应用无毒种子，减少或杜绝毒源可以有效地防治病害。播种无毒种子防病效果在90%以上，大面积播种无毒种子可以获得更好的防病效果。无毒种子可由无病区或轻病区调入，或隔离繁殖。在轻病地留种或粒选种子，减少种子带毒率，也可以减轻病害发生。

（2）应用地膜覆盖。地膜覆盖不仅是一项高产栽培措施，同时具有驱蚜和减轻病害的作用。覆膜花生苗期黄皿诱蚜后蚜虫比露地减少 90% 左右，并减轻病害发生。同时应用地膜覆盖和无毒种子，则防病效果更为明显。

（3）应用感病程度轻的花生品种。花育 19、花育 23、花育 22、花育 25 等品种感病程度轻，病毒种传率低，可以减轻病害发生。白沙 1016 等一些品种感病性和种传率高，应逐步淘汰。

（4）清除田间和周围杂草。减少蚜虫来源并及时防治蚜虫，均可减轻病害发生。

（5）病害检疫。在北方产区，应防止从重病区向外大规模调种。同时，应防止从北方病区向南方大规模调种，以免将北方病害带到南方产区。

137 怎样使用拌种剂？

据田间试验，不同播种时间、相同生长时间拌种的萌发情况以及相同播种时间拌种与不拌种的萌发情况均有明显差异。建议拌种的花生要适当推迟播种期，保证花生播种全苗、壮苗。生产中，要做到现拌现播，拌种后要放在阴凉处晾干，严格按照拌种剂推荐拌种数量进行。如果一次拌种不能立即播完，应将其放在透气的包装袋里通风、避光的地方存放，不能在密闭的容器中存放，避免出现播后烂种现象。

138 怎样选择拌种剂？

拌种剂的种类很多，在选择时，要根据实际需要和土壤病害、虫害种类，有目标性地选择。①30% 威利丹微胶囊 400 克拌 1 亩地花生种子，防治花生蛴螬等地下害虫。②30% 萎锈·吡虫啉悬浮种衣剂 100 克拌 1 亩地种子，防治花生蛴螬、蚜虫等地上害虫和地下害虫，预防白绢病、根腐病等土传病害，促进花生生长，增产效果显著。③卫福（400 克/升萎锈·福美双悬浮种衣剂）100 克拌 1 亩地种子，预防低温不出苗及花生根腐病、茎腐病等土传病害。④好年伴（6％精甲·咯·噻呋悬浮种衣剂）100～150 克/亩（白绢病严重地块）、30～50 克/亩（病害发生较轻地块），防治花生白绢病、根腐病、茎腐病等土传病害，预防低温烂种，促进花生生长，增产效果显著。

139 怎样防止药害？

由于生产中对农药应用浓度不注意控制，近几年药害的发生成为常态，造成花生产量的降低。避免药害的发生，关键是用药时要严格按照说明书推荐的浓度使用，不能随意增加用药量，避免产生药害。根据田间病虫发生的类别施药，病害防治要早，虫害根据发生情况适时适量用药。无论施用杀菌剂、杀虫剂还是抑制剂，用药前一定要将喷雾器清洗干净，尤其是用过除草剂的喷雾器。

140 怎样缓解药害？

碧护、芸苔素内酯不仅是良好的花生生长调节剂，还是缓解药害的良方妙药。当发现不慎产生药害时，应及时叶面喷施碧护或芸苔素内酯。使用浓度应采用说明书推荐的浓度，药害比较重时，可以适当加大用量，越早越好。

141 黄曲霉是通过何种方式感染花生的？

花生中的黄曲霉主要来自土壤。因此，控制土壤的感染是关键。花生收获前 30 天内干旱，荚果的含水量降到 30％以下时，易感染黄曲霉。收获后，若没有及时将水分降到 10％以下，尤其是摘果后没有及时清理茎叶并且遇雨堆垛 3 个小时以上，则会增大花生荚果感染黄曲霉的机会。储藏环境条件不通风、湿度大、温度偏高时，花生荚果也能够感染黄曲霉。在花生脱壳过程中，为了减少破损，加工户会增施水分，过量增施水分脱壳后也会增加花生仁感染黄曲霉的概率。

142 如何防治花生黄曲霉污染?

（1）降低入库水分。水分是黄曲霉生长必不可少的条件，从收获到入库是发生霉变的主要时期，其关键是入库储藏前使花生含水量尽快降到安全含水量以下。所以，在花生收获后，要采取各种措施（如日晒、风干、烘干等），尽快降低花生的含水量，降到安全储藏水分，这样可以大大减少被黄曲霉侵染的机会。如需脱壳，应充分干燥后再脱壳，不要过量使用水。因为过量使用水后的脱壳花生易发霉，在温度适宜时极易产生黄曲霉。

（2）降低仓库温度。理想的储存条件是将花生储存在恒温恒湿的库房里。近年来，我国的一些外贸公司、花生加工工厂用低温储藏、地下储藏等技术，能够有效抑制黄曲霉的生长和繁殖，保证花生安全度夏。

（3）降低仓库湿度。在不良的储藏条件下，如遇阴雨天、空气中的湿度大，花生种子容易吸水受潮，可很快被黄曲霉侵染而产生毒素。较大的散装仓库应有通风设备，仓库要清洁干燥，采用密封储存的方法，使外界温湿度不影响花生。近年来，有的农村小型仓库采用加入石灰或亚硫酸钠等保存方法，起到了较好的防霉效果。

（4）收购时，对不同产区的花生单独存放。加工厂配备专业检验人员和仪器，自原料开始控制质量。进货时，质检人员分批检查水分、斑点、损伤粒、霉粒各项，严格把好原料进货关。在原料加工分级过程中，抽包取样送化验室，进行黄曲霉检验，合格后方可入库。

143 花生青枯病表现怎样的症状？

花生青枯病是一种典型的土传病害，主要危害花生根部，突出症状是植株急剧萎蔫和维管束变色。初期主茎顶部叶片中午失水萎蔫，1～2天全株叶片自上而下急剧凋萎下垂，整株叶片暗淡，仍呈青绿色而死亡。纵切根茎部，可见维管束变为浅褐色至黑褐色，湿润时挤压切口处，可溢出浑浊的白色细菌脓液，将根茎病段插入清水中，可见从切口涌出烟雾状浑浊液。

144 怎样防治花生青枯病？

花生青枯病的防治应采用以合理轮作为基础、种植抗病品种为主、加强栽培管理的综合防治措施。

（1）合理轮作。在有水源的地区进行水旱轮作，可减少或消灭菌源。南方花生产区由于实行水旱轮作，采用"花生-水稻-水稻"和"水稻-水稻-花生"的耕作制度，防治花生青枯病取得了显著效果。在水源条件较差的旱坡病地，应建立合理的轮作制度。轻病地实行1～3年轮作，并注意避免流水传播。南方轮作的作物以甘蔗最好，轮作2年，发病率可以减轻到1%以下，其次是甘薯和十字花科作物；北方以甘薯、玉米、高粱和谷子等禾本科作物轮作，防病效果较好。

（2）种植抗病品种。种植抗病品种是经济有效的防病措施。我国利用协抗青、台山三粒肉为抗原进行抗病育种，培育出一批新的抗病优良花生品种，如鄂花5号、中花2号、粤油92、粤油256、桂油28、鲁花3号等品种。20世纪80年代以来，这些品种在病区大面积推广应用，对病害防治起到重要的作用。近年来，又选育出泉花 10 号、日花 99 等抗病品种。

（3）加强栽培管理。旱坡病地通过深耕，深翻，平整土地，开沟作畦，排除积水，增施尿素、石灰和有机肥，改良土壤结构，提高土壤保水保肥力等措施，可以形成不利于病菌生存的生态环境条件，且增强植株抗病能力，减轻花生青枯病。

青枯病发病后很难治愈，发病初期是防治的重要时期，生产上一般用春雷王铜＋生根剂灌墩，一袋一桶水。

145 怎样防治花生蓟马？

蓟马是近几年发生比较严重的一种虫害，发生时期为苗期至开花下针期，发病频率、危害程度远远高于蚜虫、红蜘蛛等，由于蓟马独特的生活习性，在防治上比较困难。生产上，一般的杀虫剂对其防治效果不理想，效果比较好的杀虫剂是噻虫嗪或啶虫脒类的药剂。对于蓟马的防治，除了正确选择农药以外，还需要正确的防治时间，根据蓟马活动规律，要选择在傍晚时间用药。

146 怎样防治花生蚜虫？

（1）农业措施：覆膜栽培花生，在花生苗期具有明显的反光驱蚜作用，特别是使用银灰膜覆盖可以有效地减轻花生苗期蚜虫的发生与危害。

（2）保护利用天敌：花生蚜虫的天敌种类多，对其控制效果比较明显，在使用药剂防治蚜虫时，应避免在天敌高峰期使用。同时，要选用对天敌杀伤力小的农药品种，以保护天敌。

（3）化学防治：播种期用药防治花生苗期蚜虫，既要考虑到蚜虫对花生的直接危害，更要考虑到防治蚜虫对花生病毒病的影响。所以，防治宜早不宜晚。花生播种时，每亩用 10％

辛拌磷粉粒剂0.5千克、或15%铁灭克0.5千克、或3%呋喃丹颗粒剂2.5千克等药剂盖种，或使用克甲种衣剂按种子量的1/70～1/50拌种，使花生带药生长，对苗期蚜虫的防治作用明显且有利于保护天敌，同时兼治地下害虫。在花生生长期的前期防治蚜虫，应选用高效、低毒、持效期较长的农药品种，如30%蚜克灵可湿性粉剂2 000倍液、2.5%扑蚜虱可湿性粉剂2 500倍液、10%高效吡虫啉可湿性粉剂4 000倍液等，叶面喷雾防治，可维持10～20天的防效。在花生生长期的中后期防治蚜虫，应选用低毒、高效、速效性农药品种，如25%快杀灵乳油、特杀灵乳油、50%辟蚜雾可湿性粉剂等，使用2 000倍液对花生基部喷雾防治。

147 怎样防治花生棉铃虫？

棉铃虫以二、三代危害花生，以第三代危害最重。

（1）农业措施：在棉铃虫第四代发生重的田块，收后实行冬耕，消灭越冬蛹。在棉铃虫重发区，可根据棉铃虫最喜欢在玉米上产卵的习性，于花生播种时，在春、夏花生田的畦沟边零星点播玉米，诱使棉铃虫产卵，然后集中消灭，以减轻花生田的危害程度。有条件的地方，可在发现第一、二代成虫时，在花生田里用长50厘米的带叶杨树枝条诱杀成虫。方法是4～5根捆成1束，每晚放10多束，分插于行间，每天早晨捕捉。

（2）药剂防治：花生田棉铃虫的药剂防治适期是卵孵化高峰期，防治指标为4头/米^2。因棉铃虫集中在花生顶部危害嫩叶，所以应对准顶部叶片喷药。目前，可选用的高效无公害农药品种主要有：含孢子量100亿/克以上的Bt制剂，稀释500～800倍喷雾；1.8%阿维菌素乳油2 000～3 000倍液喷雾；10%吡虫啉可湿性粉剂4 000倍液喷雾；70%硫丹乳油1 000～

1 500倍液喷雾；50％辛硫磷乳油1 000～1 500倍液喷雾。

148　怎样防治花生螨虫？

清除田边杂草，减少越冬虫源，是压低虫口密度的有效农艺措施。加强虫情调查，确定防治适期，当有螨株率在5％以上，而气候条件又有利于害虫发生时，应进行化学防治。可选用的药剂有20％三氯杀螨醇乳油、35％杀螨特乳油1 000倍液，或15％扫螨净乳油、20％阿波罗悬乳剂、1.6％齐墩螨素乳油、2.5％联苯菊酯乳油、5％卡死克乳油2 000倍液等。

149　花生蛴螬是怎样发生的？

蛴螬的发生属于局部性虫害。危害花生的蛴螬主要有3种，即大黑金龟甲、暗黑金龟甲和铜绿金龟甲。大黑金龟甲2年发生一代，以幼虫过冬。暗黑金龟甲幼虫过冬后，第二年不再上移危害，而大黑金龟甲和铜绿金龟甲越冬幼虫第二年上移后仍能继续危害花生。危害花生的主要是当年成虫交配后在花生结果层产卵形成的幼虫（蛴螬），幼虫靠取食花生荚果生长发育。

150　怎样防治花生蛴螬？

（1）生物防治：蛴螬的天敌生物种类很多，我国在研究利用乳状芽孢杆菌、臀钩土蜂等天敌生物进行蛴螬防治方面取得了较好的成绩，如山东省花生研究所研制鲁乳1号乳状芽孢杆菌，在花生播种时施用，对大黑金龟甲有明显的防治效果。另外，捕食类的步行虫、蟾蜍等，寄生类的白僵菌、螨虫、线虫、原生动物等，均是蛴螬的重要天敌。在生产中，应注意保护利用，有助于控制蛴螬危害。

（2）化学防治：在播种时，用药剂盖种，在花生开花下针

期和结荚期药剂施墩或灌墩。药剂施墩可每亩用10％辛拌磷
1千克或3％呋喃丹颗粒剂2～3千克在雨前或雨后土壤湿润
时，集中均匀施在花生根部，如天旱，可在施药后，在花生的
根部适量喷水。施药时要注意，一定要在清晨或傍晚花生叶片
合并后进行。药剂灌墩可用50％辛硫磷乳油1 000倍液，每亩
用药液75～100千克。

（3）性诱剂诱捕：利用雌性金龟甲的性信息素诱捕雄性金
龟甲，18:00在诱捕器里挂上诱芯，第二天上午取下诱捕桶，
把捕捉到的金龟甲集中处理掉。每亩安放2个诱捕器就可起到
良好的防控效果。

151 防病治虫需要注意的问题有哪些？

（1）防治用药浓度要根据说明书推荐的浓度使用，避免产
生药害。

（2）根据田间病害、虫害的类别，有选择性地施药。

（3）用药前，一定要将喷雾器清洗干净，尤其是喷施过除
草剂的喷雾器。

（4）二次稀释。根据实际情况，把药剂先倒在一个矿泉水
瓶子中，兑上2/3的水，拧紧瓶盖后，用力摇晃2～3分钟。
把矿泉水瓶子里的药液倒在喷雾器中，按照所要求的浓度倒入
水，轻轻地摇一摇后，即可喷雾。

152 怎样提高药效？

提高农药防治效果，减少农药使用量，是花生生产节本增
效的一项重要措施。在生产中，要根据田间病害的发病情况和
种类、虫害的虫口密度和种类，有针对性地选择农药。合理地
选择喷药时间：病害防治要以预防为主；虫害防治要早，要根

据害虫活动规律和生活习性适时用药。喷药时，要做到二次稀释，提高农药的使用效果。

153 花生田杂草都有哪些?

杂草适应性强、分布广、生长繁育快、种类繁多。据报道，我国花生田杂草多达 80 余种，分属 30 余科。以禾本科杂草为主，其发生量占花生田杂草总量的 60% 以上。主要有马唐、牛筋草、野燕麦、狗牙根、大画眉草、小画眉草、白茅、雀稗、狗尾草、结缕草、止血马唐、稗草、千金子、龙爪茅、虎尾草、荩草等。其次为菊科、苋科、茄科、莎草科、十字花科、大戟科、藜科、马齿苋科等。

154 如何防除花生田禾本科杂草?

花生田杂草除了进行人工防除外，主要应用除草剂进行防除。除草剂根据使用方法主要分为两大类型：一是土壤处理剂，又称芽前除草剂；二是茎叶除草剂，又称芽后除草剂。另外，还有杀草药膜及有色除草膜。

（1）土壤处理剂：将除草剂喷洒于土壤表层或者施药后通过混土操作，把除草剂拌入土壤的一定深度，形成除草剂的封闭层，待杂草萌发接触药层后即被杀死。乙草胺、扑草净、氟乐灵、五氯酚钠等均属土壤处理剂。覆膜栽培的花生田全部采用土壤处理剂，当花生播种后，接着喷除草剂处理土壤，然后立即覆膜。露栽花生播种后，花生尚未出土、杂草萌动前，用药剂处理土壤即可。土壤处理剂必须具备一定的残效，才能有效地控制杂草的萌动。进入土壤立即钝化失去活性的除草剂不宜作为土壤处理剂。

（2）茎叶处理剂：将除草剂用水稀释后，直接喷洒到已出土的杂草茎叶上，通过茎叶吸收和传导消灭杂草。盖草能、排草丹、灭草灵、拿草净等均属茎叶处理剂。在花生出苗后，用药剂处理正在生长的杂草。此时药剂不仅接触杂草，也接触作物。因此，要求除草剂应具有选择性。茎叶处理剂主要采用喷雾法，施药时期应控制在对花生安全而对杂草敏感的生育阶段进行，一般以杂草 3～5 叶期为宜。

155 如何防除花生田阔叶杂草？

花生田杂草禾本科和阔叶混合发生，不同地区的杂草优势种类不同，目前对禾本科杂草的防除效果显著，但使本不是优势杂草的阔叶杂草变为优势杂草，并且阔叶杂草的防除比禾本科杂草的防除要更加困难。花生田的阔叶杂草主要有铁苋菜、苋菜、苍耳、刺山柑等，防除阔叶杂草比较好的除草剂有灭草松（在花生苗期用）、乙羧氟草醚（封垄以后用）。

156 花生田除草剂药害表现在哪些方面？

花生是对除草剂敏感的经济作物，土壤残留的除草剂、外来飘移的除草剂、不合理地使用除草剂、气候环境对除草剂的影响等，都可能对花生造成伤害。前茬作物小麦田除草剂使用时间偏晚、浓度偏大、残留较多，会对下茬花生造成药害，致使花生不能正常生长，苗小不发棵，引起死苗。

小麦田除草剂产品标签上并未特别注明安全使用间隔期，许多农户又习惯春天化除，安全间隔期严重不足。玉米田喷施除草剂对相邻下风头花生田危害很大，农户在喷施玉米田除草剂时，二甲四氯钠盐或 2,4-滴丁酯防治双子叶杂草和莎草科杂草时，雾滴容易飘移到附近的花生田产生药害，因此，应选择无风天喷施除草剂。

第六篇 花生种子生产

157 什么是花生种子?

花生种子是科研人员利用杂交、辐射、基因导入等育种手段培育的具有优良性状、特点特性、高产潜力、稳定性的典型花生。优良性状主要包括生育期、株型、株高、分枝、单株结果数。特点特性包括荚果形状、网纹、果嘴、开花结果习性、双仁果率、籽仁性状、籽仁颜色、叶形、叶色、开花习性、花色、蛋白质含量、粗脂肪含量、油酸含量、亚油酸含量、抗病性、抗涝性、抗旱性、耐瘠性等。高产潜力包括百果重、百仁重、千克果数、千克仁数、出仁率、增产幅度等。稳定性包括对气候、土壤、水肥的适应性,种植区域、种植方式等。

根据种子大小,可分为大粒种、中粒种、小粒种 3 种。百仁重在 80 克以上为大粒种,百仁重 50~80 克为中粒种,百仁重在 50 克以下为小粒种。

158 花生种子是如何分类的?

花生种子分为育种家种子、原种、良种。育种家种子也称原原种,是指由育种家育成的遗传性状稳定、特征特性一致的品种或亲本组合的最初一批种子。原种是指用育种家种子繁殖的第一代至第三代或按原种生产技术规程生产的、达到原种质量标准的种子。良种是指用常规种原种生产第一代至第二代或杂交种达到良种质量标准的种子;良种分为一级良种、二级良种。

159 怎样进行花生种子高产高倍繁殖？

（1）选好地，合理施肥。选择适合花生高产的沙质土壤或壤土，创造一个全土层深厚、结果层疏松的土壤条件。根据土壤肥力情况，施足基肥，一般每亩施优质土杂肥 0.5 万～1.0 万千克、过磷酸钙 30～50 千克、硫酸铵 7.5～10.0 千克、硫酸钾 10.0～12.5 千克或草木灰 100～150 千克。

（2）起垄种植，单粒稀播。早春起单垄，以利于保墒；根据土壤肥力、施肥水平和品种特性等基本情况，确定适宜密度。通常是早熟品种垄距 50 厘米，株距 15～17 厘米，每亩种植 8 000 穴左右（每穴 1 粒）；中熟品种垄距 53 厘米，株距 26 厘米，每亩种植 4 800 穴（粒）左右。要分级播种，因为单粒稀播一般是在种子总量少的情况下采用的快繁措施，一、二、三级仁都要作种，只是三级仁可以每穴 2 粒。要采取综合全苗措施，保证一播全苗。

（3）加强田间管理。花生基本齐苗后，抓紧破垄退土清棵，保证清棵质量，使 2 片子叶露出土面，促进花生蹲苗壮棵。结合清棵进行第一次中耕，隔 15～20 天进行第二次中耕，在 6 月中下旬花生尚未封行前进行第三次中耕。在 7 月中旬前后花生盛花期进行培土，迎果针入土，做到垄胖坡陡顶凹形。花生生育期间，遇干旱要及时浇水，遇涝要及时排水，同时注意防治病虫害。

160 花生种子繁殖田如何选择？

扩繁高产田应选择土层深厚、耕作层生物活性强、结实层疏松、中等肥力以上的生荒地。在此基础上，根据花生平衡施肥决策系统，确定花生目标产量和适宜施肥量，其中，有机肥每亩用量要在 3 000 千克以上。不便于适应决策系统的，花生每亩产荚果在 400～500 千克，每亩施有机肥 4 000～5 000 千克、尿素 12～20 千克、过磷酸钙 60～75 千克、硫酸钾 20～25 千克。若用花生专用肥，则每亩施 125～150 千克（氮、磷、钾总含量大于 24%）。春花生全部有机肥及 2/3 的化肥结合冬耕或早春耕撒施，剩余 1/3 的化肥在起垄时包施在垄内。

161 如何进行花生种子田间生产？

（1）选种与播种：花生在剥去种壳前，从网纹、荚果大小、内种皮颜色、荚果的弯腰、果嘴凹尖程度等方面，对照其标准果型，剔除差异性较大的花生；剔除破碎、有病斑、有水渍的花生以及秕果、虫果、腐果、芽果等。剩余的花生，选择晴天的中午，在泥地上连续翻晒 3～4 天，在翻晒的过程中，注意不要压破果皮。

在播种前 10～15 天，开始人工剥壳，播种前 3～5 天，开始机械脱壳。剥壳后，要进行二次选种。花生种皮颜色粉红色，内种皮细腻、光滑，籽粒椭圆形。针对这些特点，剔除长形、圆形以及其他颜色的花生仁。

机械播种时，要清除播种箱里其他的花生种子，并且手动清理排种轮，将排种槽、下种器中的其他花生清理干净，保证播种时的花生纯度，降低物理混杂机会。

（2）田间选种：花生是常规的作物，性状保持比较稳定，但受自然因素和花生本身的因素影响，花生在生长的过程中，仍然会产生不同程度的分离。对照植株特点，在田间，尤其是在花生的生长后期进行选种，将有差异的植株从繁殖田中剔除出去。

收获时，要做到边收获、边选种。花生是地上生长、地下结果的作物，生长期间，只能针对地上部进行考察选种，而收获时的选种既要对照花生植株，又要对照荚果，同时进行。选出不符合特征特性的花生植株，连同荚果一起，集中存放，最后作为杂果处理。

（3）收获晒干：田间选种结束后，将花生每2行放在一起，平铺在花生垄上，根据天气情况，在地里连晒4～5天。其间，在中午时，翻晒2次左右。在地里晒花生有利于花生荚果的后熟，同时花生风干较快，干燥程度一致。当花生的荚果用手摇一摇，有响动时，选择晴天的早晨或傍晚，拉到场院，荚果朝外垛在一起，注意垛堆不要过大，避免通风差、上热。

摘下的荚果，及时清理出地膜、叶片、果柄、土坷垃等杂物，根据晒场的大小平摊，每间隔30分钟翻晒1次。晚上成堆，白天摊开，连续晒4天左右后，成堆堆放2天，其间不能用塑料布作苫布。2天后再摊开晾晒，当水分低于10%时，可准备入库。

162 如何进行花生种子的提纯复壮？

（1）单株选择：提纯复壮的花生良种必须是生产上大面积推广的，并且具有利用前途的品种或试验示范表现好而准备推广的新品种，以及具有广阔的推广前景准备作为生产原种的品种。为了选株方便和有利于植株充分生长发育，种植密度不宜过大，而且必须单粒播种。

花生收获时，首先进行田间单株选择，选择具有原品种特征特性、丰产性好、抗性强的典型优良单株。为了保证质量，已经生产原种的，应在原种圃内选择。选择单株数量，应根据原种圃面积而定，一般每种植1亩选1 000株左右为宜。当选单株要及时挂牌编号，记载清楚，充分晒干，分株挂藏或分袋保存。播种前，再根据荚果饱满度、结果多少、种子形状和种皮色泽等典型性进行1次复选。

（2）株行圃：选择地势平坦、地力均匀、旱涝保收、无线虫病、不重茬的地块为株行圃。

将上年度当选的优良单株，分株剥壳装袋，以单株为单位播种，每个单株播种1行，每9行或19行设1行原品种为对照行。行长一般为6～10米，行距45厘米。以单株编号顺序排列。生育期间，要做好鉴定、观察和记载。苗期主要观察记载出苗期和出苗整齐度；开花下针期主要观察记载株型、叶形、叶色、开花类型、分枝习性、抗旱性等；成熟期主要观察记载成熟早晚、抗病性、株丛高矮及是否表现一致等；收获期要记载收获时间，先收淘汰行和对照行，后收初选行，同时观察记载初选行的丰产性、典型性和一致性，以及荚果形状、大小、网纹及其整齐度等性状。性状一致的株行可混合摘果。性状特别优良的株行可分别单独摘果装袋，标记株行。收获后，抓紧时间晒干，做好种子储藏。

（3）原种圃：要选择中等肥力以上的沙壤土，施足基肥后作为原种圃。将上年度株行圃混收的种子，单粒播种，密度不宜过大，要按高产高倍方法繁殖原种。秋季适时收获，做好储藏，以供翌年大田生产用种。

163　如何进行花生种子的加工？

（1）一次加工：花生的含水量达到种子标准后，进行第一次的加工。在场院上，选择有微风的下午，将花生顶风扬场，实现风选。风选后的花生运到分选台上进行二次加工。

（2）二次加工：二次加工比较精细，在没有机械的条件下，全部用人工进行。在分选台上，将花生摊平，将秕果、虫果、腐果、芽果等不符合种子标准的荚果挑出来，将个别荚果带的果柄摘下来，剩下饱满、整齐的花生，取样做种子发芽试验，达到国家种子要求标准后，可作为种子进行包装储藏。

（3）包装：加工好的花生，用花生专用袋包装，在包装袋上标明品种的名称，并在包装袋内放入种子标签，每1袋的重量为25千克，用机械封口。

164　花生种子的质量标准是什么？

我国花生种子的质量标准是《经济作物种子　第2部分：油料类》（GB 4407.2—2008）。花生种子生产加工后，要按照GB 4407.2—2008的要求进行检验，检验的内容主要为纯度、净度、发芽率、水分，检验的规则是以品种纯度指标作为划分种子质量级别的依据。纯度达不到原种指标，则降为一级良种；达不到一级良种，则降为二级良种；达不到二级良种，即为不合格种；净度、发芽率、水分有其中一项达不到指标的，即为不合格品种。花生种子的质量标准：原种要求纯度≥99.0%，净度≥99.0%，发芽率≥80.0%，水分≤10.0%。良种要求纯度≥96.0%，净度≥99.0%，发芽率≥80.0%，水分≤10.0%。

165　花生种子包装有哪些要求？

花生种子属于应当包装销售的农作物种子，在包装袋上要注明：花生种子类别、品种名称、产地（种子生产所在地隶属行政区域）、主要农作物种子（花生）生产许可证编号、主要农作物种子（花生）审定编号、农作物种子（花生）经营许可证编号、质量指标、检验检疫证书编号、净含量、种子生产年月、生产商名称、生产商地址（包括联系方式）。

同时，要在包装袋内放置标签，标签内容与包装袋上的内容相同。

166 花生种子如何储藏？

花生种子仓库，应有良好的通风条件，地面不透水，房顶不漏雨。有防鼠、防虫、防盗、防火等措施。入库的花生种子，每个品种单独起垛，每层 5 包，每垛 20 层，每 2 垛作为 1 匹，有利于清点数量。花生在储藏过程中，由于呼吸作用会产生热量，因此在 2 匹之间，留出 50 厘米宽的通道。

在农村，农户自留种子没有专门的仓库用于储藏，种子水分必须在 10% 以下。在储藏时，种子要与生活的油烟气隔离，放在透气的袋子中，袋子与地面须有垫木，与墙面有 20 厘米左右的间隔。

167 花生引种要注意哪些问题？

（1）引种前，摸清品种的特点特性，如生育期、百果重或百仁重、抗病性、抗逆性、产量等。了解原产地的生态环境和生产条件，如无霜期的长短、有效积温、降水量、水肥条件等。与当地环境条件比较后，再确定是否引种。

（2）引进后，必须进行小面积试种，最好在引种范围内选择几个有代表性的地点同时进行，以便作出全面鉴定，较准确地评价引进利用价值，证明完全适应当地环境、生产条件，并且有增产效果后，才能大面积推广。在试种鉴定前，不可大调大运，盲目推广。

（3）严格检疫。避免把当地没有的病虫、杂草带进来，尤其是不能从白绢病、茎腐病、青枯病等发病严重的地区引种，因为这些病害非常容易通过种子传播。

168 花生种子收获后应注意什么问题?

　　花生种子收获后,要避免花生荚果上热。没有及时摘果的花生,不能堆大垛,要荚果朝外堆成条垛或圆垛。已经摘果的花生,及时把荚果与茎叶清理分开。遇到阴雨天气,不能长时间覆盖。随时翻晒晾干,使荚果的水分降到10%以下,分级储藏。

第七篇　应用花生机械

169 花生能使用机械播种吗?

经过多年的研发，花生播种机日渐成熟，主要有自动起垄覆膜覆土单垄双行播种机、自动起垄覆膜覆土打孔单垄双行播种机、自动起垄覆膜覆土打孔镇压两（四）垄四（八）行播种机、单垄单行起垄覆膜播种机等机型。这些机型结构紧凑，工作原理相似（相近）。自动起垄覆膜覆土单垄双行播种机作业效率一般每小时可播种3~5亩，配套动力有8.8千瓦手扶拖拉机、11.01~14.70千瓦小型拖拉机和36.8千瓦的大型拖拉机，能一次性完成起垄、播种、施肥、喷药、覆土、展膜、压膜7道工序。施肥系统能将化肥定量深施于垄内两行花生之间，覆土板能把种子、化肥盖严，并将垄面刮平，具有铺膜质量高、作业效率高、大大减轻劳动强度等特点。

在作业过程中，前端的限深滚筒将土块压碎，其后的筑土铲筑出垄，施肥铲将化肥施于两行花生中间，排种轮将花生种子均匀地播入沟内。覆土板将化肥、种子覆土盖严，并将垄面刮平。喷雾系统向垄面喷洒除草剂后，展膜机构将地膜均匀地平展在垄面上，压膜辊及时将地膜压平，扶土盘扶土将膜压实，2个扶土盘中间的集土滚筒将所采集的泥土在地膜的表面播种行上筑出2条宽5~7厘米、高3~5厘米的土带，压紧地膜，避光引苗出土，可免去花生出苗时开膜孔放苗的工序，同时可避免大风刮起地膜，造成损失。

170 双垄四行打孔压土保墒播种机是如何作业的?

双垄四行打孔压土保墒播种机是在一垄两行播种机的基础上研制的,对部分参数进行了优化。

(1)主要技术参数。

结构型式:牵引式。

配套动力:13.3～30.0千瓦。

结构质量:320千克。

外形尺寸(长×宽×高):1 800毫米×2 000毫米×1 460毫米。

作业小时生产效率:0.3～0.6公顷。

工作幅宽:(800～900)毫米×2毫米。

铺膜幅数:2幅。

适应膜宽度:800～900毫米。

播种方式:穴播。

播种穴粒数:2粒。

播种行数:2垄×2垄。

播种行距:230～400毫米(可调)。

播种株距:170毫米(可调)。

排种器型式:内充垂直圆盘式。

排种器数量:4个。

种子箱容积:30升。

播种开沟器型式:鸭嘴滚筒式。

施肥行数:2行。

排肥器型式:外槽轮式。

排肥器数量:2个。

肥料箱容积:150升。

肥料开沟器型式：圆盘式。

起垄扶垄器型式：切边铲式。

起垄高：80～150 毫米（可调）。

垄顶面宽：500～600 毫米。

垄间距：可调。

除草剂喷洒装置型式：电喷式。

喷头数量：6 个。

药箱容量：50 升。

镇压器型式：轮式。

离地间隙：可调。

地轮型式：滚筒式。

直径×轮缘宽度：220 毫米×50 毫米。

（2）操作及使用。

作业前准备：将土地推平耙细，清除杂草，避免影响花生播种质量和出苗；检查各紧固件是否紧固，连接件是否连接紧密，转动部位是否注满润滑油；将播种机与悬挂牵引连接好，连接调整好限位链；放下悬挂，看播种机是否平整。

播种前准备：检查种箱和排种器内是否有异物；调整播种量和播种穴距；清理种箱并加入种子。

喷洒前准备：根据喷洒要求浓度加入药液；将药桶盖拧紧，向桶内充气，当气压达到 2 千克/厘米^2 时，进行试喷，确认无堵塞、喷洒雾化良好时起步作业。

种肥准备：清除种肥箱中的杂物；根据要求调整种肥施用量。

地膜准备：将地膜装在放膜杆上，调整松紧度，锁紧螺母；将地膜从压膜滚下拉过，用土压紧后起步作业。

筑土带检查：检查 2 个集土滚筒的出土口是否与 2 个播种

开沟器相称，以保证土带正好压在花生种的上方；将 2 个出土口的中心距离调整为 28 厘米。

作业时的注意事项：播种机与拖拉机挂靠后，必须使用限位链；非作业时，切忌进行高速运转；完成作业或往药桶内加药液时，必须打开放气阀，待放气完毕后，再将桶盖拧下，防止桶内压力过大，发生意外；为了安全，应将进气胶管的一端安装在拖拉机储气筒上的出气口上，严禁气管与气泵直接连接；非作业时，严禁向药桶内直接充气，正常工作时的桶内气压不能超过 4 千克/厘米^2；作业中，辅助人员要密切注视排种、喷药、施肥、覆膜、筑土等的质量，发现问题及时停机检查，采取相应的调整措施；排种轮严禁倒转；远距离转移作业时，应将悬持部件锁定；放下播种机时，应用升降手柄将机具缓慢放下，以防速度过快，冲击损坏机具；远距离行车需扶起浮动臂时，先将弹簧取下，严禁直接上掀浮动臂，以免拉坏弹簧。

（3）播种机调整。

垄形的调整：调整筑土铲的入土深度及中央拉杆的长度；将筑土铲向上调整时，降低垄的高度，反之增高；缩短中央拉杆的长度，可使垄高增加，反之降低；调整装有切边铲的 2 个浮动架座之间的距离，即可调整垄面宽度，浮动架座之间的距离越大，垄面越宽，反之越窄。

排种部分调整：排种轴上装有 2 个驱动齿轮，分别为 10齿和 13 齿。连接 10 齿链轮，穴距在 15 厘米左右；连接 13 齿链轮，穴距在 20 厘米左右。

地膜松紧度调整：横向拉紧调整，调节展膜轮与浮动臂之间的夹角，夹角以 10°左右为宜，控制松紧，夹角越小则拉力越小，反之，夹角越大则拉力越大；纵向拉紧调整，将紧锁螺母松开，调整手轮，同时转动膜滚，调整至松紧度合适即可，然后锁紧螺母；展膜轮柄下端与浮动架底边的距离为 23 厘米，距离越大，压力越大，容易拉破地膜。

扶土的调整：为了保证有足够的采光面，并有足够的土压住膜边，应调整扶土盘的深度和角度。扶土盘与集土滚桶之间的夹角以 36°左右为宜，夹角越大则扶土越多，反之则越少；扶土盘与集土滚桶端面之间的距离为 3 厘米左右（未工作时测量）；扶土盘柄向下放得越长，扶土盘入土越深，扶土盘柄下端与底边的距离以 25 厘米左右为宜。

集土滚桶的调整：集土滚桶与扶土盘内侧边之间的距离为 3 厘米，距离过大，扶土盘所扶的土不容易进入集土滚桶，距离太小，扶土盘容易割破垄两侧的地膜，容易被杂草和土块卡住；集土滚桶的拉杆应视集土滚桶与扶土盘之间的位置而定，扶土盘内侧边与集土滚桶外侧边之间的距离为 5～6 厘米；集土滚桶的 2 个出土口中心，必须与播种开沟器的中心相对应，集土滚桶 2 个出土口的中心之间的距离为 28 厘米。

（4）维护与保养。作业前，应仔细检查各个紧固件是否处于良好状态；各个转动部件加注润滑油；每班作业后，应将机具上的泥土、杂物清除干净；完成播种作业后，应用清水将施肥机构内的肥料冲洗干净，以免腐蚀机件；作业全部完成后，应将药桶完全清洗干净，并将桶内的残液做无害化处理，然后加入少许机油涂抹内壁，预防生锈。每工作 30 小时将药液过滤器拆开，用清水清洗。

171 花生多功能播种机是如何作业的？

花生多功能播种机有 2 种型号：一是配套动力小四轮，二是配套动力手扶车。

花生多功能播种机结构紧凑、操作方便、使用灵活，可以广泛地应用于平原、丘陵及中小地块，可以一次性完成播种、施肥、筑垄、喷药、膜上压土等农艺要求，比人工作业提高效率30倍以上，特别是膜上压土，避免了人工打孔、掏苗的繁重劳动。

(1) 主要技术参数。

结构型式：牵引式。

牵引方式：三点悬挂，偏置范围100毫米左右（四轮车）。

配套动力：5.8～30.0千瓦。

结构质量：四轮车为130千克，手扶车为65千克。

外形尺寸（长×宽×高）：四轮车为1 800毫米×1 100毫米×920毫米，手扶车为1 250毫米×840毫米×670毫米。

工作效率：0.10～0.15公顷/小时。

工作幅宽：800～900毫米。

适应膜宽度：800～850毫米。

播种方式：穴播，四轮车为一垄两行，手扶车为一垄两行或单垄单行。

播种穴粒数：2粒。

播种质量：双粒率＞95%，破碎率＜2%。

播种行距：230～400毫米（可调）。

播种株距：170～250毫米（可调）。

播种深度：30～50毫米（可调）。

排种器型式：内充垂直圆盘式。

种子箱容积：6升。

播种开沟器型式：圆盘式。

施肥行数：1行。

排肥器型式：外槽轮式。

排肥器数量：1个。

肥料箱容积：6.3升。

肥料开沟器型式：锄铲式。

施肥型式：中间施肥。

施肥量：0～50千克（可调）。

起垄扶垄器型式：切边铲式。

起垄高：100～150毫米（可调）。

垄宽：850毫米。

垄顶面宽：500～600毫米。

覆土型式：两行土带，高度30～50毫米。

除草剂喷洒装置型式：电喷式。

喷头数量：2个。

药箱容量：10升。

镇压器型式：刮板式。

离地间隙：可调。

地轮型式：平圈辐条式。

直径×轮缘宽度：370毫米×50毫米。

（2）操作及使用。将配套车辆置于平整地方，把播种机与牵引部分连接，插上牵引销，牵引不能太晃，间隙3厘米，否则难操作、不易走正道；手扶车与播种机在地头进行安装连接；把电药泵连接在配套电机上，其中一根线接在配套车电机火线上，另一根接在配套车任何一个地方用来搭铁回路；作业前，检查种箱、排种器有无杂质；调整限深轮，使花生播种深度在3～5厘米；除草剂浓度为用水10千克兑200克除草剂；排肥器内槽长度1厘米，可排肥10千克左右，据此确定肥料施用量；将地膜装于两锥体之间，与机架保持一致，把锥体调整螺丝调整到合适灵活（太紧则容易断膜，太松则容易影响覆膜质量），然后锁紧螺母；调整播种机前后平衡及深度，垄沟要求10厘米左右，一般不用调整犁的尺寸，只需要调整牵引头上的上下丝杆，逆时针扭，后边覆膜犁深，土多，同时前边扶垄浅（后边深、前边浅），顺时针扭，后边浅，前边深；起步前，用手顺时针转动地轮1圈（不能倒转，防止碎种），直到出种为止，以免土地长距离无种。

（3）注意事项及保养。排种器内严禁进入沙子、泥土等杂物，否则容易碎种，损坏排种器；不能播种过深，种子离地膜深度3厘米；转弯调头时，应减速慢行，以免发生危险；作业前，要仔细检查各部位紧固件是否处于良好状态；各转动轴部位加注润滑油；作业中，及时清理机具上的各种杂物；作业完毕，必须卸下机具，严禁带机上路行驶，要将排肥器冲洗干净，以免腐蚀机具。

172 膜上打孔放风积雨一垄两行播种机的工作原理是什么?

膜上打孔放风积雨一垄两行播种机是在花生一垄两行多功能播种机的基础上改进设计的。

（1）主要技术参数。

结构型式：牵引式。

配套动力：≥13.3千瓦。

结构质量：160千克。

外形尺寸（长×宽×高）：1 800毫米×980毫米×960毫米。

工作效率：0.15～0.20公顷/小时。

工作幅宽：800～900毫米。

铺膜幅数：2幅。

适应膜宽度：800～900毫米。

播种方式：穴播。

播种穴粒数：2 粒。

播种行数：2 垄。

播种行距：230～500 毫米（可调）。

播种株距：170 毫米（可调）。

排种器型式：内充垂直圆盘式。

排种器数量：2 个。

种子箱容积：30 升。

播种开沟器型式：鸭嘴滚筒式。

施肥行数：1 行。

排肥器型式：外槽轮式。

排肥器数量：1 个。

肥料箱容积：70 升。

肥料开沟器型式：圆盘式。

起垄扶垄器型式：切边铲式。

起垄高：80～150 毫米（可调）。

垄顶宽：500～800 毫米。

垄间距：可调。

除草剂喷洒装置型式：电喷式。

喷头数量：3 个。

药箱容量：50 升。

镇压器型式：轮式。

离地间隙：可调。

地轮型式：滚筒式。

直径×轮缘宽度：220 毫米×50 毫米。

破膜型式：滚柱。

滚柱直径：30 毫米。

（2）操作及使用。与花生一垄两行多功能播种机的操作及使用方式相同。不同之处在于增加了滚柱破膜，滚柱上均匀地分布五圈四排扎钉，覆膜后，扎钉在花生种上方的地膜上，均匀打上四排孔，然后覆土均匀地压在四排孔上。作业时，要观察破膜滚柱转动情况，不能有杂草等缠绕；破膜滚柱上不能有泥土，否则影响打孔密度、深度和均匀度。

（3）打孔放风积雨原理。覆膜将膜拉紧后，打孔滚柱上的打孔钉在花生种的播种沟上方均匀打上四排小孔，后紧接着压上 3 厘米厚的土带，完成了覆膜打孔。这样的孔与人工打孔或鸭嘴式打孔不同，所打的孔密、孔口小，不会跑墒。花生发芽顶土时，花生穴周围的地膜上有多个小孔，极易在较小的范围内突破地膜束缚，破膜出苗，减轻了地膜对出苗的影响，极大地减少了花生顶破地膜出苗对营养的浪费，有效地解决了覆膜花生顶土出苗困难、烤苗、出苗不整齐、第一对侧枝压在膜下等问题。

花生发芽顶土，首先顶到的是地膜，逐渐在每一穴花生上方形成伞状凸起，地膜上方的压土随着伞状凸起变得松散，花生植株顶起地膜，每穴花生地膜周围的多个小孔通过上方松散土壤的缝隙进入空气，使顶土发育的花生植株得以放风、炼苗。顶破地膜出苗后，花生苗生长健壮，避免了烤苗现象的发生。

春花生播种季节，多是高温少雨天气，自播种后到出苗前降水较少，很多是无效降水。怎样利用很少量的降水是生产中迫切需要解决的问题。打孔放风积雨一垄两行播种机有效解决了这个问题。花生播种后至出苗前，花生垄上的土带将地膜压成一个凹槽，在凹槽上方的地膜均匀地打孔。当出现小量降雨时，雨水浸润土带沿着地膜上的小孔进入地膜下，补充花生出苗需要的水分；当出现较大的降雨时，雨水会封堵地膜上的打孔，使水顺着地膜流到花生沟中，不会因为雨水过大造成苗期徒长。

173 使用机械播种需要注意哪些问题？

（1）选种：花生剥壳以后，对花生仁进行分级，分成一级、二级、三级，一级、二级用来作种。播种时，根据花生仁粒级，调整排种轮间隙或更换排种盘。

（2）整地：花生机械播种对整地要求的标准较高，无论什么地块，要求在深耕的基础上早春耙耢、平整土地，使土壤耕层上松下实，没有杂草和坷垃。尽可能连片播种，以提高作业效率。

（3）播种：播种时，调整好播种深度。播种行距和株距是根据花生生长的农艺特点确定好了的，一般不要调整，只需播种。根据花生仁的粒级，调整排种轮间隙或更换排种盘。

（4）种肥：播种施肥时，要选用颗粒状肥料，注意观察下料口情况，避免下料口堵塞导致施肥不均。

（5）覆膜：应用除草膜时，将膜拉紧，但不要拉长。应用普通膜时，按照要求的浓度，喷洒除草剂。

174 花生能使用机械收获吗？

山东省临沭县东泰机械有限公司研制的花生联合收获机，能够一次性完成挖掘、抖土、摘果、集果等工序。该机主要由发动机、行走机构、操纵机构、挖掘铲、夹持输送机构、抖土机构、摘果机构、抛秧机构等组成。配套动力为32千瓦，采用对称倾斜犁铲挖掘作业，一次收获两行，由输送链条夹持花生植株1/2高度部位倾斜向后上方输送，在输送过程中，由振动板振动拍击抖土，使花生果与土壤完全分离。在夹持链夹持下，采用滚筒钢片式摘果装置摘果，将花生茎蔓抛撒在田间。

该机摘净果率可达 99％以上，破碎率低于 2.5％，清洁度达 99％以上，并极适用于鲜食花生的生产，可以摘鲜果。

175 自走式花生联合收获机械是如何作业的?

自走式花生联合收获机产品主要有 2 个系列：4HB‑2A 型和 4HB‑4A 型。

4HB‑2A 型自走式花生联合收获机是一款履带自走式花生联合收获机，主要以轮式行走为创新点，采用与花生种植模式和农艺相结合的宽轮距轮式行走系统，适用于起垄种植花生的联合收获作业，可以一次性完成一垄两行花生的联合收获作业。将花生的挖掘、输送、去土、摘果、清选、装袋工序一次性完成，适合全国大部分地区的花生种植模式和土壤状况，该机由扶禾器、松土铲、链式夹持输送系统、对辊差相式摘果系统、振动筛清选系统、集果系统、行走系统、驾驶台、动力和操作系统等部分组成。配套 33.8 千瓦、2 400 转/分的柴油发动机，采用 HST 无级变速液压方式驱动。作业时，扶禾器把花生秧扶正后引导到前低后高的夹持链条入口处，在挖掘松土铲配合下将花生挖起，由夹持链条夹住花生秧由前往后输送。输送到对辊差相式摘果系统时，完成果秧分离。摘完果实的花生秧往后继续输送直至排入地里，摘下的花生果落到振动筛上进行分离，最后在风机作用下草叶和薄膜等杂物被吹出机外，果实和一部分泥土落到由循环链条筛组成的提升器里面，继续将未清理完毕的泥土过滤并将干净的果实提升到收集箱。

主要技术参数如下。

外形尺寸（长×宽×高）：3 200 毫米×1 800 毫米×2 480 毫米。

配套动力：33.8 千瓦。

工作效率：3～5 亩/小时。

损失率：1%。

破碎率：1%。

清洁度：98%。

果秧完整率：98%。

结构质量：1 480 千克。

176 分段式花生条铺收获机的结构原理及应用效果怎样?

分段式花生条铺收获机是花生机械收获的前段，在花生成熟后，将花生铲起夹拾平铺在花生垄上进行晾晒。当晾晒到花生荚果含水量为 15%～20% 时，由自走式摘果机或固定式摘果机进行花生摘果，即机械收获的后段。目前，生产上推广的分段式花生条铺收获机配套动力有手扶车、拖拉机等。

其工作原理：将条铺机的动力总成与拖拉机的动力输出轴连接；连接好悬挂；根据花生高度调整好左右限位链，确保夹持链条前段位于花生植株高度的 2/3 处；根据花生的垄高或花生播种的深度，调整限深轮；调整好入土铲角度；调整夹持链条松紧度。当拖拉机开动时，动力输出传导给动力总成，带动夹持链条转动，入土铲在铲起花生的同时，夹持链条夹着花生往后传送抖动，经过条铺机后端的拨条，将花生植株均匀地平铺在花生的垄上。

主要技术参数如下。

工作效率：15 亩/小时。

落果率：≤2%（土壤状况不同，略有差异）。

动力：手扶拖拉机或 25 马力*以上的拖拉机。

操作人数：1 人。

177 自走式花生摘果机是如何作业的？

以郑州中联收获机械有限公司生产的 4HZJ－2500 自走式花生捡拾收获机为例。

（1）田间作业流程：捡拾器把铺放在地面上晾晒的花生荚果及花生秧通过压送辊输送至捡拾台内部，再通过捡拾台喂入搅龙将作物堆集到割台中部喂入口，由喂入搅龙伸缩齿将作物拨向倾斜输送器，并由倾斜输送器的链耙送进摘果室，然后经纵轴流摘果滚筒叶片旋转喂入，在上盖导向板作用下向左右螺旋运动。花生果在滚筒钉齿梳刷与打击下完成分离，花生茎蔓通过切碎器的切碎、抛扔，从排草口抛到排草风机通道内。

从摘果室凹板分离出的花生果、花生茎蔓、杂余等脱出物相继落到清选室内的振动筛上，物料在抖动板的振动下，由前向后作步进运动，当步进到振动筛齿形栅条时，花生果实从栅条缝隙落下，花生茎蔓及杂质在清选风机和排草风机的共同作用下，通过切碎器的粉碎，进入到排草风机通道，最后进入草箱内。进入搅龙内的花生果经搅龙向右推送，再经送果风机由气流通过升运通道输送至果箱内，可直接倾倒至运果车内。未脱净的花生果及茎蔓混合物在筛箱后端落入杂余搅龙，被推送到杂余升运器，经升运器提升至清选室内，进行二次清选。

（2）主要工作程序调整要求。

喂入搅龙调整要求：喂入搅龙叶片和割台底板的间隙为

---

* 马力为非法定计量单位。1 马力≈735 瓦。

1.5～2.0厘米；当花生喂入物的茎秆比较高大或较多时，间隙放大，当花生的茎秆矮小、稀疏时，间隙放小。

伸缩齿和捡拾台底板的间隙为1厘米左右。伸缩齿杆向前方时，应尽量伸出，以加大其抓取作物的能力；伸缩齿杆向后方时，应尽量缩回，以避免缠草、返草现象。

捡拾台使用要求与注意事项：捡拾器弹齿应尽量贴合地面，允许入土1～2厘米；要求弹齿与弧圈漏出长度最长尺寸为12厘米，并保证长度均匀一致和成排一致性，误差小于2厘米；要求弹齿排座槽钢，能有足够的自由摆量；弹齿与弧圈不得有相互摩擦现象。

调整方法：在作业中弹齿有较大变形时，应及时校正，使用合适的圆管套住，用强制性变形方法使弹齿恢复原形状即可。

在作业中，捡拾齿如有断裂，应及时更换。更换的方法：首先拆除对应弹齿的弧板，再拆除断裂的捡拾齿与螺栓螺母，然后安装新弹齿和弧板，使其紧固牢靠。

摘果室工作原理与调整要求：当花生作物进入滚筒喂入口时，在滚筒前端锥体螺旋叶与滚筒喂入口螺旋筋的相对作用下，作物轴向迅速进入摘果室内部。在摘果滚筒旋转下，弧形刀齿排将作物强制性拖拉，滚筒经过前凹板筛孔时，茎蔓和花生果进行分离。茎蔓棵被滚筒继续向上拖动，在上盖螺旋导草板的作用下，由前向后轴向移动，并螺旋进入后凹板，茎蔓棵再次彻底摘果分离，继续旋转至滚筒后尾上方，果蔓在较大空间中立刻松散，花生果落入后凹板。茎蔓被抛扔进排草口的切碎器中。分离的花生果与混杂物，经过前后凹板筛孔直接进入清选室振动筛上面。

摘果滚筒弧形刀齿与凹板工作面应保持出厂时的一定间

隙，并且要均匀一致；根据花生作物层情况，花生作物喂入量应均匀，不均匀会使摘果分离质量差；要根据花生作物的干湿情况，合理调整滚筒变速箱的挡位；前后凹板筛孔不得有挂草堵塞现象，应经常检查，必要时进行清理。

清选室调整要求：要经常检查振动筛孔，不要被杂物堵塞，如被堵塞应及时清理；草箱中如有花生果夹带损失时，首先检查风机传动带与振动筛面是否有杂余物，必要时清理与调整三角带的张紧度。

振动筛的使用调整要求：保持振动筛面平整无损；如异物进入、损坏或者变形，应及时修复；要经常检查清理筛孔杂物，以免影响清选质量或者堵塞；保持助高器片和筛片一致性、不变形。

178 固定式花生摘果机的工作原理是什么？

固定式花生摘果机能够一次性实现花生摘果、秧果分离、荚果分选、装袋等工序。

（1）产品结构及工作原理。

机架：不能拆卸的大架焊合整体。

行走轮：转向前轮2个、固定后轮2个。

喂入槽：前段用于喂入花生的槽状输送装置，作用是将带果花生秧运送到摘果室，由输送架、输送带、输送带主动辊、输送带从动辊、上端拨秧辊、上小盖组成。

摘果室：摘果室是摘果机的核心部件，作用是将花生果、花生秧分离，并将花生果和切断的花生秧送入清选通道和分离筛，由上盖、凹板（俗称底网，前后2个）、滚筒（前后2个）构成。滚筒由主轴、轴承、带轮、侧盘、齿梁、钉齿组成。

清选风机组件：清选风机组件在喂入槽和摘果室的下方，

作用是分选从摘果室下来的花生秧、花生果的混合物。比重较小的秧从风道末端排出，花生果和比重较大的花生秧落入分离筛。清选风机组件由风机、风道和调风板组成。

清选带组件：清选带组件将落入分离筛里重量较大的花生根、秧等杂物进行清除，增加花生果的清洁度。由花纹输送带、主动辊、从动辊等组成。

分离筛：分离筛在清选带末端下方，作用是把未分离干净的花生果、花生秧送到二次提升器，由筛箱、筛轴等组成。

风送组件：风送组件由风机、侧屏、上顶等组成，作用是把摘果后的碎秧抛送至一定的高度和距离，免去人工挑草，并将送果筛上的花生果中含有的杂物分离出去。

二次提升器组件：二次提升器组件由架子、输送带、主动辊、从动辊等组成。

送果筛组件：送果筛组件由筛子、筛轴等组成，作用是把花生果送到接果提升器上。

接果提升器组件：接果提升器组件由架子、输送带、主动辊、从动辊等组成，作用是把花生果提升到一定的高度，进入装袋器，方便装袋。

（2）主要技术参数。

配套动力：18.5～22.0千瓦。

工作效率：3 000～6 000千克/小时。

整机质量：2 300千克。

外形尺寸（长×宽×高）：5 100毫米×4 600毫米×3 000毫米。

风扇直径：600毫米。

辊筒（直径×长度）：Ⅰ辊为700毫米×1 180毫米。

损失率：≤1%（指秧内带果）。

破果率：1%～3%（受喂入是否均匀、干湿程度等因素影响，波动较大）。

（3）注意事项。①开机前，确认机器电箱内的所有开关都处于关闭状态。开启开关后，机器需要空转1分钟以上，确定正常运转且无杂音后方可喂入。禁止机器"带病"运行，以防引发更大的损坏，避免发生危险。②关机时，直接关闭主开关，对所有线路进行安全检查。③喂入时，尽量做到均匀一致，避免堵塞机器，减少花生破碎，提高清洁度。花生秧湿度过大时，更应如此。④清选风机调风板和挡果布帘的调整原则：为了提高工作效率，减少破碎率，风机风量不宜过小，从出秧口出小量秕果（≤1%）属于正常现象。如果过于追求降低损失率，必然会增加二次提升的回果量和回秧量，降低工作效率。⑤每班使用后，及时保养加注黄油。⑥摘果场地选择空旷、远离居住地、车辆安全通行便利的地方。

179 怎样使用花生剥壳机？

花生剥壳机的工作原理：花生剥壳机由机架、风扇、转子、单相电机、筛网（有大小2种）、进料斗、振动筛、三角带轮及其传动三角带等组成。机具正常运转后，将花生定量、均匀、连续地投入进料斗，花生在转子的反复打击、摩擦、碰撞作用下破碎，花生粒及破碎的花生壳在转子的旋转风压及打击下，通过一定孔径的筛网（花生第一次脱粒用大孔筛网，清选后的小皮果更换成小孔筛网进行第二次剥壳）过滤、分离。花生壳、粒在旋转风扇吹力的作用下，重量轻的花生壳吹出机体外，重量较重的花生粒则通过振动筛筛选达到清选目的。

正确使用剥壳机的要求与注意事项：

（1）对剥壳机的要求。要剥壳干净、生产率高、有清选装置，还要求有较高的清洁度；损失率要低，破碎率小；结构要简单，使用可靠，调整方便，功率消耗少，有一定的通用性；能适用于多种作物的剥壳，以提高机具的利用率。

（2）对花生的要求。花生应干湿适宜，太干则破碎率高，过湿则影响工作效率。为使干湿适宜，可采用下列方法：①冬季剥壳。剥壳前，用 10 千克左右的温水均匀地喷洒在 50 千克花生荚果上，并用塑料薄膜覆盖 10 小时左右（其他季节用塑料薄膜覆盖的时间为 6 小时），然后在阳光下晾晒 1 小时左右即可剥壳。②将较干的花生浸在大水池内，浸后立即捞出并用塑料薄膜覆盖 1 天左右，再在阳光下晾晒，待干湿适宜后开始剥壳。

（3）使用注意事项：①使用前，应先检查各紧固件是否拧紧，旋转部分是否灵活，各轴承内是否有润滑油。剥壳机应放置在平稳的地面上。②电动机启动后，转子的转向应与机具上所指的方向一致。先空转几分钟，观察有无异常响声，运转正常后，方可均匀地喂入花生。③花生果喂入时要均匀、适量，不可含有铁屑、石块等杂物，以防打碎花生仁和造成机械故障。当花生仁覆盖满筛子面时，方可打开出仁口开关。④根据花生大小，选用合适的筛网。⑤花生仁内的花生壳增多时，可将电动机向下移动，以便张紧风扇皮带，加大吹风量。⑥操作时，人不要站在皮带传动一侧，以免受伤。⑦准备存放机器时，应将其外表的尘土、污垢和内部残存的籽粒等杂物清除干净，把皮带拆下另行保管。用柴油将各部分轴承清洗干净，晾干后涂上黄油。机器要覆盖置于干燥库房内，避免日晒雨淋。⑧应保证传动部位和轴承内有充足的润滑油并定期予以清理和更换。

180 花生除膜机的应用效果怎样?

花生除膜机有 6 种机型,均可实现全套流水线作业,由上料机、圆筛、除膜机、装袋机组成。

主要技术参数如下。

工作效率:每小时 2 吨左右。

除膜效果:≥95%。

切草尺寸:1~5 厘米。

配套动力:22~60 千瓦。

181 怎样进行花生种子脱壳?

花生种子人工剥壳时间长、用工多、效率低,不能满足大面积种植种子剥壳的需求,机械脱壳是生产的发展趋势和必然要求。由于花生种子个体大,子叶瓣被内种皮包裹结合不紧密,非常容易因受到外力作用而错位,直接对胚芽造成伤害,播种后会出现烂种现象,影响到发芽。花生机械脱壳一般在花生播种前 3~4 天进行,脱壳前按照每 50 千克花生荚果用水 1.5 千克的比例,将水均匀地喷洒在花生荚果上,然后将花生荚果搅拌均匀,用篷布或遮盖物覆盖放置 4~6 个小时后进行脱壳。脱壳后对种子进一步加工,剔除破粒、芽粒、霉粒、秕粒,准备拌种播种。

182 怎样使用花生种子脱壳机?

LY - B 型花生种子脱壳机具有小巧便利、重量轻、便于移动、安装简单、生产效率高、成本低、清选效果好等特点。工作原理:花生果由人工喂料,先落到粗纹栅里,利用文板转动和固定栅条凹板间的搓力,使花生壳剥离。分离后的花生仁与壳会经过栅网落下，再通过风道，由风力作用将大部分花生壳吹出机外，而花生仁和一部分还未剥离的花生小果一起落入比重分选筛，经过分选后，花生仁从分离筛面上行，通过料口流入麻袋，而尚未剥离的花生（小果），则由筛面下行，从出料道口流入提升机，再由提升机送入细纹栅进行二次剥壳，再经过比重分选筛分选，即可达到全部剥离。

花生种子脱壳机在使用的时候，要注意各个部分的运转情况，检查一下紧固螺栓是不是松动，有松动的则要及时紧固；要注意下风机叶片是不是磨损或断裂，叶片外用的加固板是不是受到磨损或者变形，如果发现有问题，应及时维修更换；要注意一些活节的轴承有没有缺油、磨损的情况，如果有缺油磨损的，要及时加油更换。加工结束以后，要对机器进行一次大范围的检查。检查完成后，要将损坏的部分进行修理，把机械内的残留物清洁干净，轴承要上油，皮带拆下来，附属件放入库内。

主要技术参数如下。

工作效率：2 000 千克/小时。

剥净率：≥99.5%。

破碎率：≤2%。

损失率：≤0.1%。

动力：剥壳机为 7.5 千瓦；去石机为 4 千瓦。

结构质量：920 千克。

操作人数：2 人。

第八篇　花生加工技术

183 怎样提高花生榨油加工技术?

在我国，60％的花生用来榨油，采用的榨油技术分为冷榨和热榨。冷榨花生的花生油是副产品，花生蛋白粉是主产品。热榨花生的花生油是主产品，饼粕是副产品。由于花生蛋白高温后变性，热榨的花生饼粕只能作饲料。无论是冷榨还是热榨，提高花生榨油加工技术的关键是原料纯度、原料质量和榨油过程中的温度控制。

184 花生蛋白保健作用及如何进行蛋白深加工?

花生仁经分级、低温烘干、脱红衣、精选去除异色粒（霉粒）之后进行低温预榨。低温预榨即花生仁不经轧胚和蒸炒，在低于 65 ℃至常温的料温下，直接进入低温双螺旋预榨机进行压榨得到预榨花生饼粕，即花生蛋白，经过加工后获得花生蛋白粉。花生蛋白经过一定的工艺进一步加工获得花生蛋白肽。花生蛋白肽是由 3～6 个氨基酸组成的，分子量在 500～3 000 道尔顿，呈正常分布的低聚肽。花生蛋白肽呈粉末状，无结块现象，无杂质，无异味，且有花生原有的淡淡的清香气味。由于部分花生蛋白肽抗氧化性很强，所以称为抗氧化肽。花生抗氧化肽具有良好的水溶性、持水性，能在 pH 2～10 的条件下完全溶解。花生蛋白肽能与其他食品配料完全融合，并保持各自的物化营养特性。花生蛋白肽氨基酸组成均衡、全面，含人体必需的 8 种氨基酸，特别是谷氨酸和天门冬氨酸的含量较高，对促进人体脑细胞发育和增加记忆力都有良好的作用。花生氨基酸与人体氨基酸的组成非常相近，极易被人体吸收利用，而且不含胆固醇，具有易于消化吸收、恢复体力、增强免疫力、降低血压、促进脂肪代谢、保健养生等功效。

185 怎样提取花生原花色素？

原花色素提取方法一般分为水溶法和有机溶剂法。称取一定量的花生红衣放入研钵研磨 30 分钟后转移至烧杯中，按照 1：20（质量：体积）的料液比加入 70％乙醇溶液，在 80 ℃水浴中加热提取 90 分钟，减压抽滤得到滤液，重复 3 次，合并所有的滤液，38 ℃真空浓缩，得到花生原花色素提取液。将预处理好的 AB-8 大孔树脂装入层析柱中，加入一定量的花生原花色素提取液，先用 10 倍柱床体积的蒸馏水洗去水溶性杂质，直至柱流出液为无色。然后用 40％乙醇溶液洗脱，从洗脱液出现颜色时开始接收样品，洗至无色后停止接收。将所有洗脱液真空浓缩，冷冻干燥得到花生原花色素粉末。

186 怎样生产花生蛋白复合代餐粉？

以中温榨油的花生干粉为主要原料，复配花生分离蛋白、大豆分离蛋白、谷朊粉、玉米黄质、乳清蛋白等一些优质蛋白作为复合蛋白粉，综合加入复合果蔬粉、复合油脂微胶囊、复合生物活性物质微胶囊、木糖醇、复合胶体原料等功能活性成分，制备具有不同生理功能活性的代餐粉，包括糖尿病人辅助降糖代餐粉、老年人特膳代餐粉、孕产妇塑身代餐粉、青少年提高免疫力代餐粉等。

187 不同花生制品的种类有哪些？

（1）花生蛋白：花生蛋白是一种很重要的蛋白资源，它的营养价值与动物蛋白相近，且胆固醇含量低，在植物性蛋白中仅次于大豆蛋白。花生蛋白制品及加工方法包括浓缩蛋白（乙醇洗涤法）、分离蛋白（碱溶酸沉法）、磷酸化改性蛋白（磷酸化改性）、糖基化蛋白（糖基化修饰）、琥珀酰化改性蛋白（琥珀酰化改性）、高溶性浓缩蛋白（高压微射流法）、花生蛋白肽（蛋白酶解法或微生物发酵法）。

（2）花生油：花生油品质优良、营养丰富、气味清香，是人们所喜爱的食用油。花生油分为普通型（食用一级油、二级油）、清香型、浓香型和特香型4种。我国国家标准则分为一级花生油、二级花生油和浓香花生油3类。传统的制油工艺主要有压榨法、预榨浸出法；非传统的工艺包括直接浸出法、整粒压榨法和非有机溶剂萃取法等；此外，还有水酶法。

（3）花生酱：花生含有丰富的蛋白质和脂肪，经高温烘烤、脱种皮、研磨制成的花生酱称为原味花生酱，添加稳定剂进行稳定的花生酱称为稳定型花生酱。花生酱制品及加工方法包括高蛋白花生酱（添加花生粕磨酱）、胡萝卜低脂花生酱（添加胡萝卜和部分脱脂花生磨酱）、花生蒜蓉酱（加入蒜蓉）、可可花生酱（添加可可）、小麦胚芽花生酱（添加小麦胚芽）、奶油花生酱（添加黄油）、风味花生酱。

（4）花生饮品：花生奶是非常好的植物蛋白饮品，它是以优质花生为主要原料，采用先进磨浆工艺精制而成。其他花生饮品还有发酵花生酸奶、花生蛋白乳饮料、速溶花生晶、花生浆、花生露。

（5）花生休闲食品：花生休闲食品包括以下六大类：烘烤

花生果（原味花生、五香花生、盐酥花生、红泥花生、香酥花生）；油炸花生仁（酒鬼花生、麻辣花生、满口香花生）；裹衣花生（蜂蜜花生、鱼皮豆花生、酱香裹衣花生、海苔花生、芥末花生、糖衣花生）；花生粉（烘烤、乳白）；花生碎制品（花生片、烘烤花生碎、乳白花生碎、花生条）；花生糖果（奶油花生糖、澳味花生糖、芝麻花生糖、柘荣花生糖、礼记猪油花生糖、丁果花生糖）。

（6）花生活性物质：花生植株、红衣、荚壳、果仁中富含多种活性物质，通过萃取、酶解、浸提等物理、化学和生物方法制备出以下几类活性物质：黄酮类化合物、原花青素、功能性多糖、酚类化合物、黄色素、芪类化合物。

188　怎样进行富硒保健花生生产？

硒在人体保健中发挥重要作用，正在被越来越多的人认识并接受。它能够阻断病毒细胞的复制，阻止癌细胞养分的供应，使癌细胞缺乏营养而死亡，对癌症患者尤其是对肝癌患者具有很好的辅助治疗作用。富硒花生为人们的身体健康发挥重要的作用。富硒花生的生产是在正常花生生产的基础上，通过栽培技术措施，提高花生硒的含量，达到花生富硒的目的。生产富硒花生主要要求掌握好硒素液的应用时间，一般在花生的开花下针期和结荚期使用一定浓度的硒素液，能够使花生达到富硒的效果。

189　如何进行花生芽菜生产与加工？

在传统的思想观念中，花生芽菜有毒不能食用。随着消费者对花生芽菜认识的提高，花生芽菜不仅被消费者接受和食用，而且成为一种高档菜品出现在餐桌上。

花生芽菜的生产工艺：选择中粒型的花生品种，如鲁花 8 号、花育 16、花育 25 等，挑选籽仁饱满、28/32 或 24/28 粒级的米子，在 40 ℃的温水中浸种 12 小时。捞出控干水分，放入发芽专用塑料盘中，将白棉布用清水漂洗干净，覆盖在花生上，发芽室内温度控制在 26 ℃，相对湿度 85%，使芽菜生长始终保持在湿润的环境中。入盘 48 小时后，剔除没有露白的花生，防止出现霉烂。白棉布覆盖得要严密，禁止花生暴露在外，这样可以使花生在黑暗的环境中生长，子叶不变绿。花生在发芽的过程中，每隔 4 小时就需淋 1 次水。淋水时，注意将盘内的种子浇透，以便带走花生呼吸作用产生的热量，保证花生发芽所需的水分和氧气。花生的内种皮含有色素，在浸泡发芽的过程中，会印在花生的子叶上，使洁白的子叶印有黄褐色的花纹，影响商品外观。因此，在生产的各个环节上，都要保持种皮的完整、不脱落。

花生芽菜的特征：①花生的子叶未张开、未变绿，种皮未脱落，湿润饱满，不干瘪。②下胚轴粗壮，长 1.5～1.8 厘米，粗 0.8 厘米，颜色洁白，鲜嫩，清脆，一掰就断。③胚根长 3.5～4.0 厘米，一般没有须根，胚根细、嫩、易断、浅黄色。④无异味，生食清爽、味甜。

190 怎样生产花生叶茶？

每年 7—8 月，采摘一定量成熟、新鲜、无病害的花生叶，用水漂洗干净后，摊开，使其在室温下晾干水分至无水滴为止。将花生叶送入滚筒式杀青机，采用热风杀青法进行杀青处理，将杀青后的花生叶薄摊在竹匾上，用风扇吹凉至室温。将摊凉后的花生叶放入揉搓机进行揉捻处理，揉搓机旋转直至叶片卷曲成条、叶汁溢出黏附在叶面上且手搓叶片有润滑感即可。将揉捻后的花生叶放入圆筒烘干机中进行烘干处理，直至花生叶干燥定型后，再移至 160 ℃热锅中焙炒 20 分钟，每隔 5 分钟翻动 1 次，使其受热均匀，水分尽快蒸发。待花生叶脱水 90％以上且有茶青香味时，即可停止焙炒，取出摊凉至室温，可得到花生叶茶。最后，将制备的花生叶茶进行筛分，筛去过细的碎末后，按色、形、味进行分级包装。

191 花生酱怎样进行生产与加工？

随着加工产业的发展，花生的用途也从榨取花生油向食用花生制品转变。其中，花生酱是食用花生制品的一个重要品类。

从传统生产工艺来看，花生酱将花生从固态转变为流体状态，营养成分未发生较大变化，故花生酱和花生的营养价值近乎等同，不仅含有丰富的植物蛋白，而且富含维生素（烟酸、维生素 E 等）和矿物质等，营养丰富，风味独特，广泛应用于面制品、火锅蘸料、调味品、馅料或特殊食品等各个领域，对人体健康以及预防疾病有积极作用。但花生酱脂肪含量高，不适于高血压、糖尿病等患者食用，其在储藏中也易产生析油现象，极易氧化、酸败，且花生酱中的非油脂部分在储存过程中会自然沉降形成坚硬的固体物质，从而造成花生酱的风味质量降低、储存期缩短。因此，针对花生酱的风味、营养及稳定性等方面的问题，花生酱生产企业分别从原料和生产工艺方面进行改进，研制出一系列低脂、高蛋白、风味独特、营养高及稳定性好的新型花生酱，丰富了花生酱食品市场。例如：低脂型花生酱，通过超微粉碎和高温处理，添加稳定剂和全脂糊来稀释原料中的脂肪，得到低脂型花生酱；维生素型花生酱，以小麦胚芽为添加剂制得含有多种维生素和矿物质的花生酱；高蛋白花生酱，通过添加大豆粕来提高花生酱中的蛋白质含量，得到高蛋白花生酱。

随着食品消费观念的提升与食品加工技术的不断发展，与口感、细腻度相关的流变性，与风味与滋味相关的挥发物质和非挥发物质的生成，与色泽相关的加工过程中产生的美拉德等生物化学反应，以及在运输储藏过程中保持产品性状、品质与风味的情况下避免胀包等花生酱品质与加工工艺将不断提升，花生酱的种类会不断丰富，品质与储藏稳定性会日益增强。

192 怎样加工应用花生壳粉？

花生在加工过程中，每年会产生 500 多万吨花生壳副产物，除少部分用作燃料外，大多被废弃，开发利用程度低。

花生壳是天然木质素纤维质原料，主要由纤维素、半纤维素和木质素构成。另外，富含高价值成分，如黄酮类化合物、粗蛋白、膳食纤维、粗脂肪、低聚木糖等，还含有一些诸如钙、磷、镁、钾、氮、铁等矿物质。随着相关领域的发展，国内外采用生物技术和化学技术对花生壳综合开发利用进行了多领域研究，如木质素、膳食纤维、黄酮类化合物、菲汀、低聚木糖等功能成分的提取，发酵法制备禽畜饲料，腐熟处理后用作栽培基质，改性处理后加工成吸附剂用于污水处理，以及替代石油资源用于制取胶黏剂等。可见，花生壳的开发研究已经取得显著的成果，对低碳经济、循环经济具有推动作用。同时，花生壳资源的综合利用有利于产品日趋多元化，其中利用花生壳制取人造板胶黏剂的应用前景最为广阔。

第九篇　提高花生产业化水平

193 怎样保证花生产业健康发展?

在生产中，花生与其他的作物相比，投入成本高，种植过程中受自然风险影响较大，收益不稳定。要保持花生产业的稳定健康发展，一是需要政府层面的政策支持。2011—2015年的国家花生良种补贴政策，有力地促进了花生新品种的更新换代，提高了花生单产和花生品质，极大地释放了生产产能，使花生种植面积、原料质量、产业化水平等都迈上了一个新的台阶，有了一个跨越式的发展。二是需要稳定的市场。市场稳定是保证花生产业健康发展的又一关键因素，市场供求无论是数量还是价格都需要保持相对稳定，不能大起大落，使花生种植面积不产生较大的波动，保持花生生产的积极性和稳定性。同时，促进花生制品消费，提高花生原料质量和有效供给，提高加工企业的生产能力等方面都是保证花生产业健康发展的因素。

194 怎样做好花生产业?

花生是我国重要的经济作物和油料作物，花生产油效率最高，单产油量是油菜的2倍、大豆的4倍，一直以来，花生产业以满足食用油需求为产业发展重点。根据产区布局，建设了规模不同的榨油企业，所建设的榨油企业几乎全部是以热榨为主的加工企业。这些企业的发展，带动了花生产业的发展，提高了食用油的供应力度。随着人们生活需求的变化以及出口贸易的发展，花生产业也发生了根本性的变化，由单一的榨油发展成出口加工、食品加工兼备的产业格局，并逐渐稳定、巩固。近年来，在发展巩固已有产业的基础上，多种新型花生产业得到了长足的发展，培植了鲜食花生生产与加工、保健型花生生产与加工、加强种子生产与加工、花生蛋白和花生油深加工等新的花生产业。这些新型花生产业的发展得到了市场的青睐，带来了强劲的发展力量。

195 影响花生产业发展的主要因素有哪些?

花生产业的发展受多种因素制约，主要有社会性的因素和生产性的因素。社会性的因素主要有自然环境、经济、政策等。一个区域的花生产业受自然环境、田间影响很大。出口花生产区的环境条件、花生品质等是限定产业发展的独特要求，即使种植同样的出口品种，没有出口要求的环境条件，也无法形成出口产业。生产性的因素主要有企业的加工能力、市场价格、种植的规模、原料的品质、消费水平。

196 怎样发展订单农业?

订单农业是在计划生产条件下的市场经济优化产物。订单农业的发展是企业长久生存的必由之路，企业发展需要稳定的原料供应链、稳定的原料数量和质量，这就需要根据企业生产发展计划，建立稳固的生产基地，在基地完善订单，保证生产发展需要。基地农户依托大企业做好订单农业，解决好产后销售问题，保证稳定收益。做好订单农业要有一个好心态，完全按照订单要求做好生产中的各个环节；要相互信任，诚信为本，尤其是销售上，坚持质量至上。

197 如何增加生产规模和提高生产效益？

生产规模和生产效益是相辅相成的，没有一定的规模生产，即使是较高的销售价格，也不会获得较高的效益，数量限制了效益的扩大和提高。是否要扩大生产规模，则要根据自身的生产条件和生产能力及技术水平来决定，不能盲目地超出自己的行为能力扩大，否则会得不偿失。

增加生产规模和提高经济效益按照"高产高效并重，良种良法配套，农机农艺融合，生产生态协调"的原则进行。在扩大生产规模时，注重单产的提高，积极引进新品种，应用新技术，充分发挥和依靠科技的力量提高生产效益。

198 生产中怎样保证原料品质与质量？

保证加工原料的品质与质量是加工企业孜孜追求的目标，也是保证产品质量的关键。在生产中，推行农业标准化生产，统一供种、统一施肥、统一用药、统一技术指导、统一收购，从源头管控花生产品质量安全，提升产品品质，提高产品品牌竞争力和影响力。利用不同区域的自然优势、地理优势、区位优势、人文优势等生产专用花生原料，形成农产品的集中产区，以市场为导向，以提高经济效益为中心，形成支柱产业。大规模使用农业机械，提高花生生产效率，新技术集中推广应用。最大限度地降低自然条件对花生生产的影响。

第十篇 降低生产成本

199 如何生产自留种子?

花生是用种量比较大的作物,种子在整个投入成本中占一半的比重,农户不可能年年外购种子,为降低生产成本需要自己留种。购买原种的,可以自己留种 2~3 年;购买良种的,建议自己留种 1 年。选择留种时,注意留种地块不能感染花生白绢病、菌核病、根腐病、茎腐病、冠腐病等土传病害,避免收获感病的花生植株和荚果。收获的花生荚果晾干后,选择不饱满荚果的二级仁作种,减少用种量,提高花生出苗率。

200 怎样自己生产复合肥?

复合肥是花生田常用的化肥,为降低生产成本,可以自己试制复合肥。

在酸性土壤上,每亩的用量:碳酸氢铵 50 千克＋钙镁磷肥 50 千克＋氧化钾 5 千克＋解磷解钾菌 2 千克＋农家肥 1 000 千克,混合均匀后,密封堆肥腐熟 10~15 天。在冬耕春耙或春耕地以前,均匀地撒在地表。如果花生空壳比较严重,钙镁磷肥可以用到 100 千克。获得的肥料成分含量为氮 17%、磷 15%、钾 10%、钙 25%、镁 12%。

在偏碱性土壤上,每亩的用量:碳酸氢铵 50 千克＋过磷酸钙 50 千克＋氧化钾 5 千克＋解磷解钾菌 2 千克＋农家肥 1 000 千克。获得的肥料成分含量为氮 17%、磷 18%、钾

10%、钙 12%。

201 怎样自己生产叶面肥?

商品性叶面肥的种类很多，有各种剂型。根据生产实践摸索总结，形成一个成本低、效果明显的叶面肥配方：按照每亩用量 200 克磷酸二氢钾兑 150 克白糖，二者完全溶解后，在开花下针期、结荚期进行叶面喷施，喷施时间为 8:00—10:00。

202 怎样自己生产杀菌剂?

不同的杀菌剂其防治病菌的目标不同，防治的效果也有差异。经过多年的生产实践，总结出能够全面防治各种病害的杀菌剂——等量式波尔多液 (1:1:200)，其使用成本低，可以自己配制，效果比较好。等量式波尔多液 (1:1:200) 是用 1 份生石灰、1 份硫酸铜、200 份水，均匀混合过滤后，作为杀菌剂喷施，现配现喷。

第十一篇 应用花生高产 "2+7" 关键技术

203 花生高产 "2" 内容是什么？

"2" 是指 2 个基础。一是选好种子，种子是实现花生高产的基础。根据土壤条件、自然条件、市场条件，有目的地选择不同类型的花生品种，目前生产上能够用来发展产业的花生品种及类型主要有：出口型品种花育 955 和花育 9510、炒食型品种花育 51 和花育 23、高油酸型品种花育 958 和花育 910、芽菜型品种青花 6 号和花育 651、高产型品种花育 9511 和花育 60、鲜食型品种花育 9515 和花育 28、休闲型品种花育 656。花生种子市场假冒伪劣种子泛滥，需要根据花生荚果的果嘴、网纹、果腰、果型，花生仁的种皮及内种皮颜色、仁型等确定种子的真假。

二是有效用对、用足基肥，肥料是提高花生产量的基础。根据花生田的土壤肥力条件，测土配方施肥，精准搭配施用复合肥，充分发挥每一种营养元素的效用。根据田间肥力状况，施足有机肥，保证花生生长对有机质的需要。综合花生不同时期的生长需要，用对所需的各种生长元素，尤其要增施钙肥，保证花生产量的提高。

204 花生高产 "7" 个关键技术有哪些？

一播：保证出苗率的关键。①深度：花生播种深度为 3～4

厘米，太深或者太浅都不利于花生发芽出苗。播种深浅还要根据土壤墒情来决定，"湿不种深、干不种浅"。②温度：小花生播种时5厘米处地温连续5天稳定在12℃、大花生稳定在15℃、高油酸花生稳定在19℃时，方可播种。低于这个温度会造成花生低温烂种。与花生播种适宜温度相对应的物候期是槐花刚刚露白、小麦刚刚抽穗。③湿度：当水分在田间最大持水量的55%左右时播种，能够满足花生发芽出苗对水分的要求。若低于这个要求，会落干不出苗；若高于这个要求，遇到低温会捂种。有条件的在干旱灌水后，一定要重新整地后再播种，保证墒情均匀，有利于花生发芽出苗。④密度：根据不同品种确定不同播种密度，一般每亩在8 500穴左右。

　　一苗：保证壮苗的关键。①选择用二级仁作种，出苗快、出苗齐，能够明显地提高发芽出苗率。②种肥增施5.0～7.5千克尿素，满足出苗及苗期对氮肥的需求，促生根壮苗。③当花生小苗刚刚顶土时，在顶土上方打开一小孔，破膜引苗，使花生苗顺着小孔自主达到膜上；破膜引苗的时间在8:00以前、16:00以后，避免在高温时破膜，防止烤苗。推土蹲苗，膜上压土的要在花生顶土出苗后，及时推开压土。在破膜引苗时，第一对侧枝由于破膜不彻底，压在膜下，而花生的荚果主要是由第一对侧枝形成的，压在膜下只开花不结果，严重地影响到产量，因此要保证第一对侧枝出膜。

　　一防：保证植株健康生长的关键。①花生的病害初期来自土壤，为有效控制病害，从苗期开始预防叶斑病，喷施杀菌剂主要喷施在垄沟和花生基部，在花生生长的中后期，主要喷施在垄沟和中下部叶片。②对于白绢病、根腐病、茎腐病等基部病害，要在傍晚或清晨叶片闭合时喷药，最好是在有露水的清晨喷，效果最好。用药浓度大，药液多，病株则重点喷。③对农药进行二次稀释。

一控：养分分配的关键。①主茎达到 35 厘米时，喷施抑制剂进行控旺，一般根据天气情况喷施 2～3 次。②控旺后的花生植株高在 45 厘米左右，田间两垄交叉不郁蔽，垄与垄呈波浪状。③后期不出现新的黄色叶片。开花下针没有结束，一定不能喷施抑制剂，否则会抑制果针下扎，影响到荚果膨大发育。

一水：决定产量的关键。花生的一生中对水敏感的时期有两个：一是开花下针期，二是结荚期。开花下针期对水的需求最为重要，对产量的影响最大，这个时期干旱会导致开花不足、花而不实、没有果针、果针不能入土等问题。因此，开花下针期干旱一定要灌水，保证满足开花、下针对水分的需求。

两肥：提高荚果饱满度的关键。在开花下针期和结荚期喷施叶面肥。①开花下针期的初花期要及时地喷施富含硼的叶面肥。缺硼会造成花而不实，减产 30％以上。②结荚期荚果和籽仁发育迅速，对钙的需求大，因此，要及时喷施富含钙的叶面肥。③磷酸二氢钾＋白糖的叶面肥配方是在生产实践中总结出来的，经济实惠、效果好，推荐使用。

一趟沟：提高结果数量、结果质量的关键。开花下针结束要趟沟。①培土迎果针，趟沟后能够压实地膜，减少膜下空隙，同时在垄的两边增加土壤，使悬空果针及时入土，减少无效果针。通过趟沟培土，能够使秕果成饱果、小果变大果、无果变小果，增加 20％以上的产量。②趟沟后，原来的花生沟形成一个楔子形，及时排出田间积水，防止内涝。③花生垄沟的土放到垄的两边，在垄面两边形成两条土带，雨水随着花生茎叶流到基部进入膜下土壤，提高后期抗干旱能力。